NumPyによるデータ分析入門

配列操作、線形代数、機械学習のためのPythonプログラミング

Umit Mert Cakmak 著
Mert Cuhadaroglu

山崎 邦子 訳
山崎 康宏

本文中の製品名は、一般に各社の登録商標、商標、または商品名です。
本文中では™、®、©マークは省略しています。

Mastering Numerical Computing with NumPy

Master scientific computing and perform complex operations with ease

Umit Mert Cakmak
Mert Cuhadaroglu

BIRMINGHAM - MUMBAI

Copyright © Packt Publishing 2018. First published in the English language under the title 'Mastering Numerical Computing with NumPy - (978-1-788-99335-7)'. Japanese language edition published by O'Reilly Japan, Inc., Copyright © 2019.

本書は、株式会社オライリー・ジャパンがPackt Publishing Ltd.の許諾に基づき翻訳したものです。日本語版についての権利は、株式会社オライリー・ジャパンが保有します。

日本語版の内容について、株式会社オライリー・ジャパンは最大限の努力をもって正確を期していますが、本書の内容に基づく運用結果については責任を負いかねますので、ご了承ください。

はじめに

　データサイエンス分野のスキルを上げたい人に向けて、世の中には様々な難易度の書籍や講習会が多数用意されています。新しい分野や技術を体得しようと思ったら、まずは入門的な教材から始めて、より高度で専門的なリソースに進む、というのが学習の一般的な道すじでしょう。しかし、しばらく続けてみると、この方法では習得に非常に時間がかかることに気付くはずです。生涯学び続けたい人は、知識と経験がよりコンパクトにまとめられた、理論と実践のバランスのよい本を求めています。

　本書は、初級・中級・上級の概念を1冊にまとめ、読者が知識を一から築き上げていく助けになることを目指しています。本書を読むに当たり、科学技術計算の予備知識は前提にしていません。実例を用いて多岐にわたるテーマを紹介していきます。本書は一見、筋に一貫性のない、バラバラな主題の寄せ集めのように見えるかもしれませんが、読者が多種多様な主題とその応用方法に幅広く触れられるよう、意図的にこのような構成にしています。

　本書を、NumPy、SciPyやscikit-learnなどのPythonを支える科学技術ライブラリの本質をマスターするためだけでなく、科学技術計算をより俯瞰して見るために読んでいただけると幸いです。

本書の想定読者

　本書『NumPyによるデータ分析入門』は、データサイエンス分野に関する知識を広げたいすべての人を対象としています。本書は、Pythonのプログラマ、データアナリスト、データエンジニア、あるいはデータサイエンス愛好家など、NumPyの詳細を究め、数値科学計算の問題の解法を構築したい人に最適です。数学に慣れていたら、本書を最大限に活用できます。

本書の内容

I部

「1章　NumPy配列を操作する」

　科学技術計算で使われる多次元の配列や行列を取り扱うPythonのライブラリNumPyを使っ

た数値計算の基礎を解説します。

「2章　NumPyの線形代数」

線形代数の基礎を取り上げ、NumPyの実用例を紹介します。

「3章　NumPyの統計関数で行う探索的データ分析：ボストン市の住宅価格データセット」

探索的データ分析を解説し、ボストン市の住宅価格データセットを用いた実例を紹介します。

「4章　線形回帰を用いて住宅価格を予測する」

教師あり学習を取り上げ、実践的な応用例として線形回帰を使って住宅価格を予測します。

「5章　NumPyで卸売業者の顧客をクラスタ分析する」

教師なし学習を解説し、実用例として卸売業者の販売データセットをモデリングするクラスタ分析のアルゴリズムを取り上げます。このデータセットは、幅広い製品カテゴリについての年間支出の通貨単位ごとの情報を含みます。

「6章　NumPyとSciPy、pandas、scikit-learnを併用する」

NumPyとその他のライブラリとの関係を示し、併用する例を紹介します。

「7章　NumPy上級編」

NumPyライブラリの高度な使用方法を解説します。

Ⅱ部

「8章　高性能計算ライブラリの手引き」

低レベルで高性能な数値計算ライブラリを紹介し、NumPyとの関係を解説します。

「9章　ベンチマークテストで行う性能評価」

ベースの高性能数値計算ライブラリによって差が出るNumPyのアルゴリズムの性能について掘り下げます。

本書を最大限に活用するには

1. 基本的なPythonのプログラミングの知識は必須ではありませんが、あれば間違いなく役立ちます。
2. 本書で使用する例はすべて、AnacondaディストリビューションのPython 3で動作します。

実例のコードファイルをダウンロードするには

本書のコードファイルは、GitHubから入手できます（https://github.com/PacktPublishing/Mastering-

Numerical-Computing-with-NumPy）。コードが更新されることがあれば、既存のGitHubリポジトリ上で更新されます。

　この他に、弊社の豊富な目録に含まれる書籍やビデオのサンプルコードも、https://github.com/PacktPublishing/ から入手可能です。ぜひご覧ください。

カラー画像のダウンロード方法

　本書に記載されたスクリーンショットや図のカラー画像の提供も行っています。ダウンロードは、http://www.packtpub.com/sites/default/files/downloads/MasteringNumericalComputingwithNumPy_ColorImages.pdf より可能です。

表記規則

本書で使用するテキストの表記規則には、以下のものがあります。

等幅（CodeInText）

テキスト中のコード、データベーステーブル名、フォルダ名、ファイル名、ファイルの拡張子、パス名、ダミーURL、ユーザ入力、ツイッターのハンドルを意味します。

例：「本関数のもう1つの重要なパラメータは learning_rate です。」

コードブロック

以下のように表記されます。

```
df = pd.DataFrame(iris_data.data,
    columns=['sepal length (cm)',
        'sepal width (cm)',
        'petal length (cm)',
        'petal width (cm)'])
```

コマンド行の入出力

以下のように表記されます。

```
$ sudo apt-get update
$ sudo apt-get upgrade
```

ゴシック体（Gothic）

初出の用語、重要な単語を表します。一例を挙げると、「予測したい変数は**従属**変数です。」

 ヒントやワザはこのように表記されます。

連絡先

本書に関するご意見、ご質問などは、出版社にお送りください。

株式会社オライリー・ジャパン
電子メール japan@oreilly.co.jp

本書には、正誤表、追加情報を掲載したWebサイトがあります。

https://www.oreilly.co.jp/books/9784873118871/

目次

はじめに ………………………………………………………………………………………… v

I 部

1章　NumPy 配列を操作する ……………………………………………………… 3

    1.1　技術的要件 …………………………………………………………………………… 4

    1.2　NumPyが必要とされる理由 …………………………………………………… 4

    1.3　誰がNumPyを使うのか ………………………………………………………… 7

    1.4　ベクトルと行列の入門 …………………………………………………………… 7

    1.5　NumPy配列オブジェクトの基本 ……………………………………………… 10

    1.6　NumPy配列の演算 ……………………………………………………………… 13

    1.7　多次元配列を取り扱う …………………………………………………………… 21

    1.8　インデックス付け、スライス、形状変換、サイズ変換、ブロードキャスティング ……… 23

    1.9　1章のまとめ ……………………………………………………………………… 28

2章　NumPy の線形代数 …………………………………………………………… 29

    2.1　ベクトルと行列の数学 …………………………………………………………… 31

    2.2　固有値とその計算方法 …………………………………………………………… 35

    2.3　ノルムと行列式の計算 …………………………………………………………… 41

    2.4　線形方程式の解法 ………………………………………………………………… 46

    2.5　勾配の計算 ………………………………………………………………………… 49

| | 2.6 | 2章のまとめ | 50 |

3章　NumPyの統計関数で行う探索的データ分析：ボストン市の住宅価格データセット　51

3.1	ファイルの読み込みと保存	52
3.2	データセットの探索	60
3.3	基本統計量を調べる	63
3.4	ヒストグラムを計算する	67
3.5	歪度と尖度	73
3.6	データの刈り込みと統計量	77
3.7	ボックスプロット	79
3.8	相関を計算する	80
3.9	3章のまとめ	84

4章　線形回帰を用いて住宅価格を予測する　85

4.1	教師あり学習と線形回帰	85
4.2	独立変数と従属変数	89
4.3	ハイパーパラメータ	93
4.4	損失関数と誤差関数	94
4.5	勾配降下法を用いた線形単回帰	95
4.6	線形回帰を用いた住宅価格のモデリング	102
4.7	4章のまとめ	105

5章　NumPyで卸売業者の顧客をクラスタ分析する　107

5.1	教師なし学習とクラスタ分析	107
5.2	ハイパーパラメータ	115
5.3	損失関数	117
5.4	k平均法アルゴリズムを単一変数用に実装する	117
5.5	アルゴリズムの修正	122
5.6	5章のまとめ	133

目次 | **xi**

6章　NumPyとSciPy、pandas、scikit-learnを併用する ·········· **135**

6.1　NumPyとSciPy ···135
　　6.1.1　SciPyとNumPyで行う線形回帰 ···140
6.2　NumPyとpandas ···143
　　6.2.1　pandasで株価の定量的モデリングをする ·························150
6.3　SciPyとscikit-learn ···161
　　6.3.1　scikit-learnでk平均法を用いて住宅価格データをクラスタリングする ·········162
6.4　6章のまとめ ···163

7章　NumPy上級編 ·· **165**

7.1　NumPyの内部構造 ··165
　　7.1.1　NumPyのメモリ管理方法 ··165
　　7.1.2　NumPyのコードをプロファイリングして性能を理解する ·····178
7.2　7章のまとめ ···183

II部

8章　高性能計算ライブラリの手引き ··· **187**

8.1　BLASとLAPACK ··187
8.2　ATLAS ··188
8.3　Intel Math Kernel Library ···188
8.4　OpenBLAS ···188
8.5　AWS EC2上でNumPyを低レベルライブラリを変えて構築する ····188
　　8.5.1　BLASとLAPACKのインストール ·····································193
　　8.5.2　OpenBLASのインストール ···198
　　8.5.3　Intel MKLのインストール ··200
　　8.5.4　ATLASのインストール ··201
8.6　ベンチマークテスト用の計算集約的タスク ·····························203
　　8.6.1　行列の分解 ···203
　　8.6.2　特異値分解（SVD）···203
　　8.6.3　コレスキー分解 ··205

	8.6.4	LU分解	206
	8.6.5	固有値分解	208
	8.6.6	QR分解	209
	8.6.7	疎線形系を取り扱うには	211
8.7	8章のまとめ		211

9章　ベンチマークテストで行う性能評価 213

9.1	なぜベンチマークが必要か		213
9.2	ベンチマークテストの準備		222
	9.2.1	BLASとLAPACKを使った設定の性能	223
	9.2.2	OpenBLASを使った設定の性能	223
	9.2.3	ATLASを使った設定の性能	224
	9.2.4	Intel MKLを使った設定の性能	225
9.3	結果		226
9.4	9章のまとめ		226

索引 229

I 部

1章
NumPy配列を操作する

　科学技術計算は、数値解析、金融工学、生命情報科学などの幅広い学問領域に適用されている学際的な分野です。

　金融市場の例を考えてみましょう。金融市場はいわば、相互に連結した相互作用の巨大なネットワークです。各国政府、銀行、投資信託、保険会社、年金、個人投資家などが関与し、金融商品がやり取りされています。金融市場参加者のすべての相互作用を単純にモデル化することはできません。なぜなら、金融取引に関わるすべての参加者は、動機や、リスクや収益の目標が異なるからです。さらに、金融資産の価格は、他の要因にも影響されます。たった1つの金融資産の価格をモデリングするだけでも膨大な作業を必要とし、しかもうまくいくという保証はありません。これは数学用語で言うところの閉形式解のない問題であるため、そのような問題を高度な数値計算手法を用いて攻める科学技術計算を活用するのにうってつけな例と言えるでしょう。

　コンピュータプログラムを書くことで、自分が取り組んでいるシステムの理解を深める力が手に入ります。通常、あなたが書くことになるコンピュータプログラムは、モンテカルロ法などの何らかのシミュレーションです。モンテカルロ法などのシミュレーション手法を使えば、オプション契約の価格のモデリングができます。金融市場は複雑なので、金融資産の値付けはシミュレーションのよい題材となります。このような数学的計算にはすべて、数値計算の実行時に、あなたが扱うデータ（たいていは行列形式である）用の、強力で、スケーラブルで、便利な構造が必要になります。言い換えると、作業を単純化するには、**リスト**よりももっとコンパクトなデータ構造が必要となります。NumPyは、効率のよいベクトル演算や行列演算に最適な上、豊富な数学演算ライブラリにより、数値計算を簡単に効率的に処理できます。

本章では、以下のテーマを取り上げます。

- NumPyの重要性
- ベクトルと行列の理論的および実用的な知識
- NumPy配列の演算と多次元配列での使い方

問題は、コーディング技術の練習を何を使って始めるべきかです。本書では、科学技術コミュニティで広く採用されているという理由から、Pythonを使い、主にNumPy（「numerical Python」の略称）という特定のライブラリを使用します。

1.1　技術的要件

本書では、Jupyter Notebookを使います。Pythonコードの編集と実行は、Jupyter Notebookではウェブブラウザを介して行います。Jupyter Notebookはオープンソースのプラットフォームで、https://jupyter.org/installの指示に従ってインストールできます。

本書ではPython 3.xを使用するので、新しいNotebookを開いたら、Python 3のカーネルを選んでください。もしくは、Anaconda（Pythonのバージョン3.6以降）を使ってJupyter Notebookをインストールすることもできます。本書ではこちらの方法を強くお勧めします。https://www.anaconda.com/distribution/の指示に従ってインストールできます。

1.2　NumPyが必要とされる理由

Pythonは最近、プログラミング言語界のロックスターと化しましたが、それは単にPythonの構文が親しみやすく読みやすいからだけではなく、様々な目的に利用できるからです。多様なライブラリで構成されるPythonのエコシステムのおかげで、種々の計算がプログラマにとって比較的容易になります。Stack Overflowは、プログラマの間で最も人気の高いウェブサイトです。ユーザは、関係する言語のタグを付けて質問を行います。**図1-1**は、主要なプログラミング言語の成長をこのタグを元に計算し、人気度をプロットしたものです。Stack Overflowの質問閲覧数は、公式ブログへのリンクhttps://stackoverflow.blog/2017/09/06/incredible-growth-python/を辿るとさらに分析できます。

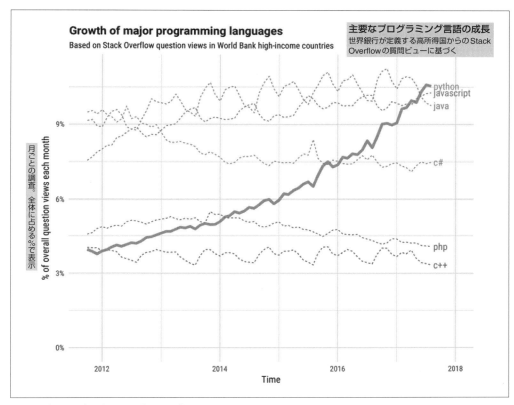

図1-1　主要なプログラミング言語の成長

　NumPyは、Pythonの最も基本的な科学技術計算用パッケージであり、他の多くのパッケージの土台となっています。Pythonは当初、数値計算用に設計されたものではなかったのですが、より高速なベクトル演算を求めるエンジニアやプログラマにPythonの人気が出始めた90年代後半になって、高度な数値計算の必要性が生じたのです。**図1-2**が示すように、人気のある機械学習や数値計算用のパッケージの多くがNumPyの機能の一部を利用しており、最も重要な点はメソッドにNumPy配列を多用していることです。このことから、NumPyは科学技術プロジェクトには欠かせないライブラリとなっています。

　図1-2に、NumPyの機能を利用している有名なライブラリの一部を示します。

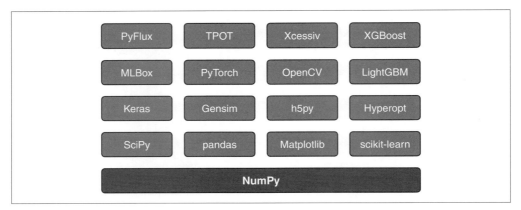

図1-2 NumPyスタック

　数値計算には、主にベクトルと行列が使われます。既に用意されている種々の数学関数を使うと、ベクトルや行列に対する多様な操作が可能になります。NumPyを使うと、ユーザはベクトルや行列の計算を効率よく遂行できるため、NumPyはそういった計算が必要な状況に最適です。Pythonのリストは、作成や操作がとても簡単ですが、**ベクトル化された**処理をサポートしません。また、Pythonのリスト要素は固定型でないため、例えば反復のたびにデータ型を確認しなければならないforループの効率は、あまりよくありません。一方、NumPy配列を使えば、データは固定型で、**ベクトル演算**もサポートされます。NumPyはPythonのリストに比べて多次元配列操作の効率がよいだけではなく、インポートしたら直ちに適用できる数学メソッドを多数提供しています。NumPyはPythonのデータサイエンススタックのコアライブラリなのです。

　SciPyは、NumPyと強固な結び付きがあります。SciPyは、線形代数、最適化、補間、積分、高速フーリエ変換、信号処理、画像処理などの科学関数用のデータ構造の土台として、NumPyの多次元配列を用いているからです。SciPyはNumPy配列の枠組みと、高度な数学関数からなる進化した科学技術プログラミングの上に構築されました。このため、NumPyのAPIの一部はSciPyに移行されました。NumPyとのこのような関係により、高度な科学技術計算の多くの場面では、SciPyの方がより便利になっています。

　まとめると、NumPyの利点は以下の通りです。

- オープンソースでコストがかからない
- 使いやすい構文を持つ高級プログラミング言語である
- Pythonのリストより効率的
- より高度な組み込み関数を提供し、他のライブラリとの統合性が高い

1.3 誰がNumPyを使うのか

　学術とビジネスのどちらの業界でも、仕事で使うツールや技術に関することはよく話題にのぼります。環境や状況によっては、特定の技術を使う必要もあるでしょう。例えば、あなたの会社が既にSASに投資していれば、あなたの課題に適したSASの開発環境で、プロジェクトを遂行しなければならないかもしれません。

　ところが、NumPyの利点の1つはオープンソースであることなので、あなたのプロジェクトにも無償で使えます。Pythonでコーディングした経験がある人なら、とても簡単に学習できます。性能に懸念がある場合には、容易にCやFortranのコードを組み込めます。さらに、SciPyやscikit-learnなど他のライブラリも豊富にあり、それらを使えばほぼすべての問題を解くことができます。

　最近、データマイニングや予測分析が極めて重要になって以来、**データサイエンティストやデータアナリスト**といった職種が、21世紀の最も注目される職業の1つとして、フォーブスやブルームバーグなどのビジネス媒体で取り上げられています。仕事でデータを取り扱いモデリングや予測をする必要がある人は、NumPyの使い方と能力を知っておくことをお勧めします。NumPyを使えば手早くアイディアのプロトタイプ化やテストができるからです。あなたが専門知識を持つ社会人なら、あなたの会社は競合企業に一歩先んじるために、ほぼ確実にデータ分析手法を使いたいはずです。企業が自らが所有するデータをより深く理解できれば、そのビジネスをより深く理解できるため、より優れた判断につながるでしょう。

　そこで、多種多様な処理が可能でプロジェクトの時間効率を上げることができるNumPyが、重要な役目を果たすわけです。

1.4 ベクトルと行列の入門

　行列は、数値や要素を矩形状の配列に並べたものです。行列の行や列は、通常、英文字でインデックス付けされます。$n \times m$行列の場合、nは行の数、mは列の数を表します。仮想的な$n \times m$行列の構造は以下の通りです。

$$X = \begin{bmatrix} x_{11} & \cdot & \cdot & \cdot & x_{1m} \\ \cdot & \cdot & \cdot & \cdot & \cdot \\ \cdot & \cdot & \cdot & \cdot & \cdot \\ \cdot & \cdot & \cdot & \cdot & \cdot \\ x_{n1} & \cdot & \cdot & \cdot & x_{nm} \end{bmatrix}$$

　$n = m$の場合は、正方行列と呼びます。

$$X = \begin{bmatrix} x_{11} & x_{12} \\ x_{21} & x_{22} \end{bmatrix}$$

ベクトルは、実は、複数の要素を持つ1行もしくは1列の行列です。ベクトルは、1行m列、またはn行1列の行列とも定義されます。ベクトルは、m次元空間における矢印または向きと解釈することもできます。一般に、大文字は、例えばこの例でのXのように行列を意味し、小文字は、x_{11}のように、行列の要素を意味します。

さらに、特殊な行列がいくつか存在します。零行列と単位行列です。0は零行列、すなわち要素がすべて0である行列を表します[*1]。零行列の場合、添字は省略できます。

$$0_{2,2} = \begin{bmatrix} 0 & 0 \\ 0 & 0 \end{bmatrix}$$

単位行列はIで表されます。単位行列の対角要素は1、それ以外の要素は0です。

$$I_{3,3} = \begin{bmatrix} 1 & 0 & 0 \\ 0 & 1 & 0 \\ 0 & 0 & 1 \end{bmatrix}$$

行列Xに単位行列を掛けると、結果はXに等しくなります。

$$X \times I = X$$

単位行列は、行列の逆行列を計算する際に非常に役に立ちます。逆行列が存在する行列にその逆行列を掛けると、結果は単位行列になります。

$$X^{-1} \times X = I$$

では、NumPy配列を使って行列代数をざっと見てみましょう。行列の足し算と引き算の操作は、普通の数の式と同様です。例えば、以下の例のように計算します。

$$\begin{bmatrix} 1 & 4 & 7 \\ 2 & 5 & 8 \end{bmatrix} + \begin{bmatrix} 10 & 14 & 16 \\ 13 & 18 & 21 \end{bmatrix} = \begin{bmatrix} 1+10 & 4+14 & 7+16 \\ 2+13 & 5+18 & 8+21 \end{bmatrix}$$
$$= \begin{bmatrix} 11 & 18 & 23 \\ 15 & 23 & 29 \end{bmatrix}$$

スカラー積も単純です。例えば、行列Xに4を掛けると、以下のように各要素に4を掛ければよいだけです。

$$X = \begin{bmatrix} 1 & 2 \\ 3 & 4 \end{bmatrix}$$

[*1] MacDuffee, CC (1943). Vectors and matrices. number 7 of Carus Mathematical Monographs. Ithaca, New York: Mathematical Association of America. page27.

$$4X = 4 \begin{bmatrix} 1 & 2 \\ 3 & 4 \end{bmatrix} = \begin{bmatrix} 4 & 8 \\ 12 & 16 \end{bmatrix}$$

行列演算の学習初期には、行列の積が複雑そうに見えます。

X と Y の2つの行列があり、以下のように X は $a \times b$ 行列、Y は $b \times c$ 行列とします。

$$X = \begin{bmatrix} x_{11} & x_{12} & x_{13} & . & . & x_{1b} \\ x_{21} & x_{22} & x_{23} & . & . & x_{2b} \\ x_{31} & x_{32} & x_{33} & . & . & x_{3b} \\ . & . & . & . & . & . \\ . & . & . & . & . & . \\ x_{a1} & x_{a2} & x_{a3} & . & . & x_{ab} \end{bmatrix}$$

$$Y = \begin{bmatrix} y_{11} & y_{12} & y_{13} & . & . & y_{1c} \\ y_{21} & y_{22} & y_{23} & . & . & y_{2c} \\ y_{31} & y_{32} & y_{33} & . & . & y_{3c} \\ . & . & . & . & . & . \\ . & . & . & . & . & . \\ y_{b1} & y_{b2} & y_{b3} & . & . & y_{bc} \end{bmatrix}$$

この2つの行列の積は、以下のようになります。

$$Z = \begin{bmatrix} z_{11} & z_{12} & z_{13} & . & . & z_{1c} \\ z_{21} & z_{22} & z_{23} & . & . & z_{2c} \\ z_{31} & z_{32} & z_{33} & . & . & z_{3c} \\ . & . & . & . & . & . \\ . & . & . & . & . & . \\ z_{a1} & z_{a2} & z_{a3} & . & . & z_{ac} \end{bmatrix}$$

したがって、行列の積の各要素は、以下のように計算されます。

$$Z_{ij} = x_{i1}y_{1j} + \ldots + x_{ib}y_{bj} = \sum_{k=1}^{b} x_{ik}y_{kj}$$

上の式の表記が理解できなくても、心配無用です。以下の例を使って、よりわかりやすく説明しましょう。行列 X と Y があり、目的はこれらの行列の積を求めることです。

$$X = \begin{bmatrix} 1 & 0 & 4 \\ 3 & 3 & 1 \end{bmatrix}, \; Y = \begin{bmatrix} 2 & 5 \\ 1 & 1 \\ 3 & 2 \end{bmatrix}$$

基本となる考え方は、X の第 i 行と Y の第 j 列の積は、結果の行列 Z の第 i, j 要素になるということで

す。掛け算はXの第1行とYの第1列から始まるので、その積は$Z[1,1]$になります。

$$Z = \begin{bmatrix} (1 \times 2) + (0 \times 1) + (4 \times 3) & (1 \times 5) + (0 \times 1) + (4 \times 2) \\ (3 \times 2) + (3 \times 1) + (1 \times 3) & (3 \times 5) + (3 \times 1) + (1 \times 2) \end{bmatrix} = \begin{bmatrix} 14 & 13 \\ 12 & 20 \end{bmatrix}$$

結果は、以下の4行のコードで容易に確かめられます。

```
In [1]: import numpy as np
        x = np.array([[1,0,4],[3,3,1]])
        y = np.array([[2,5],[1,1],[3,2]])
        x.dot(y)
Out[1]: array([[14, 13],[12, 20]])
```

上のコードブロックは、NumPyを使うと2つの行列の積が簡単に求められる例です。後の章では、行列演算や線形代数をより深く掘り下げていきます。

1.5　NumPy配列オブジェクトの基本

前節で触れたように、NumPyが特殊な点は、**ndarray**と呼ぶ多次元配列を使っていることです。ndarrayのすべての要素は、同じデータ型で、メモリ上で同じ大きさを占めます。まずは、NumPyをインポートして、NumPy配列を作成し、NumPy配列オブジェクトの構造を分析してみましょう。このライブラリは、以下のコマンドをコンソールに入力すると簡単にインポートできます。np以外の命名規則を使っても構いませんが、本書では標準的な命名規則である np を用います。では、単純な配列を作り、Pythonが裏でその配列のメタデータとして保持する、いわゆる**属性**について説明しましょう。

```
In [2]: import numpy as np
        x = np.array([[1,2,3],[4,5,6]])
        x
Out[2]: array([[1, 2, 3],[4, 5, 6]])

In [3]: print("We just create a ", type(x))
Out[3]: We just create a <class 'numpy.ndarray'>      <class 'numpy.ndarray'>を作成する

In [4]: print("Our template has shape as" ,x.shape)
Out[4]: Our template has shape as (2, 3)      作成したテンプレートの形状は(2,3)

In [5]: print("Total size is",x.size)
Out[5]: Total size is 6      全要素数は6

In [6]: print("The dimension of our array is " ,x.ndim)
Out[6]: The dimension of our array is 2      配列の次元数は2
```

```
In [7]: print("Data type of elements are",x.dtype)
Out[7]: Data type of elements are int32
```
要素のデータ型は int32

```
In [8]: print("It consumes",x.nbytes,"bytes")
Out[8]: It consumes 24 bytes
```
24 バイトを消費する

　ご覧の通り、オブジェクトの型は NumPy 配列です。x.shape は、配列の次元を、出力が (n, m) のようなタプルとして返します。配列の全要素数は、x.size で表示されます。上の例では、全部で 6 つの要素があります。**形状や次元**などの属性を知っておくことは非常に大切です。より多くのことを知っていれば、より快適に計算が行えます。配列のサイズや次元の数を知らないままいきなり計算を始めるのは賢明ではありません。NumPy では、x.ndim を使うと配列の次元の数がわかります。他にも dtype や nbytes などの属性があり、メモリの消費量や配列で使うべきデータ型を確認するのにとても役立ちます。上の例では、各要素のデータ型は int32 で、合わせて 24 バイトを消費します。これらの属性の一部、例えば dtype などは、配列を作成する際に強制的に設定できます。元のデータは整数型でした。では、それを float、complex、uint（符号なし整数）に変更してみましょう。データ型を変更するとどうなるかを調べるために、以下のように消費バイト数を分析しています。

```
In [9]: x = np.array([[1,2,3],[4,5,6]], dtype = np.float)
        print(x)
Out[9]: print(x.nbytes)
        [[1. 2. 3.]
         [4. 5. 6.]]
        48

In [10]: x = np.array([[1,2,3],[4,5,6]], dtype = np.complex)
         print(x)
         print(x.nbytes)
Out[10]: [[1.+0.j 2.+0.j 3.+0.j]
          [4.+0.j 5.+0.j 6.+0.j]]
         96

In [11]: x = np.array([[1,2,3],[4,-5,6]], dtype = np.uint32)
         print(x)
         print(x.nbytes)
Out[11]: [[         1          2          3]
          [         4 4294967291          6]]
         24
```

　ご覧の通り、各データ型は異なるバイト数を消費しています。以下のような行列を作成し、データ型

としてint64もしくはint32を用いるとしましょう。

```
In [12]: x = np.array([[1,2,3],[4,5,6]], dtype = np.int64)
         print("int64 consumes",x.nbytes, "bytes")
         x = np.array([[1,2,3],[4,5,6]], dtype = np.int32)
         print("int32 consumes",x.nbytes, "bytes")
Out[12]: int64 consumes 48 bytes
         int32 consumes 24 bytes
```

　必要なメモリは、int64を用いると2倍になります。どちらのデータ型で十分なのか、自問してみましょう。あなたが扱う数値が2,147,483,648より大きくなるか、−2,147,483,647より小さくなるまでは、int32で十分でしょう。100MBを超えるような巨大な配列の場合には、この変換が性能に決定的な役割を果たします。

　前の例で気付いたかもしれませんが、データ型を変更する際には、毎回配列を作成していました。正確に言うと、配列を作成した後でdtypeを変更することはできません。しかし、配列を再度作成するか、astype属性を用いて既存の配列を新たなdtypeの配列にコピーすれば、データ型の変更と同じことができます。では、配列をコピーして新たなdtypeを持つ配列を作ってみましょう。astype属性を使ってdtypeを変更する例を以下に示します。

```
In [13]: x_copy = np.array(x, dtype = np.float)
         x_copy
Out[13]: array([[ 1., 2., 3.],
                [ 4., 5., 6.]])

In [14]: x_copy_int = x_copy.astype(np.int)
         x_copy_int
Out[14]: array([[1, 2, 3],
                [4, 5, 6]])
```

　astype属性を使う際に、x_copyに対して適用したにも関わらず、x_copyのdtypeが変わらないことに注意してください。x_copyはそのまま保持され、x_copy_intが作られます。

```
In [15]: x_copy
Out[15]: array([[ 1., 2., 3.],
                [ 4., 5., 6.]])
```

　あなたの所属する研究グループの仕事が、がんに罹患している個々の患者のリスクの特定と計算だとしましょう。データとして100,000個のレコード（行）があって1つの行は1人の患者を表し、各患者には100個の特徴（検査結果の一部）があるとします。このデータは、(100000, 100)の配列になります。

```
In [16]: Data_Cancer= np.random.rand(100000,100)
         print(type(Data_Cancer))
         print(Data_Cancer.dtype)
         print(Data_Cancer.nbytes)
         Data_Cancer_New = np.array(Data_Cancer, dtype = np.float32)
         print(Data_Cancer_New.nbytes)
Out[16]: <class 'numpy.ndarray'>
         float64
         80000000
         40000000
```

上のコードから見て取れるように、dtypeを変えるだけで配列の大きさが80MBから40MBに縮小します。その代わり、小数点以下の精度は低くなります。精度は小数点以下16桁だったものがたったの7桁になります。一部の機械学習アルゴリズムには、精度が無視できるものもあります。そのような場合には、メモリの使用量が最小になるようにdtypeを調整してみましょう。

1.6 NumPy配列の演算

本節では、NumPyを使って数値データを作成し操作する方法を紹介します。まずは、リストからNumPy配列を作成してみましょう。

```
In [17]: my_list = [2, 14, 6, 8]
         my_array = np.asarray(my_list)
         type(my_array)
Out[17]: numpy.ndarray
```

では、スカラー値との足し算、引き算、掛け算、割り算を実行してみましょう。

```
In [18]: my_array + 2
Out[18]: array([ 4, 16, 8, 10])

In [19]: my_array - 1
Out[19]: array([ 1, 13, 5, 7])

In [20]: my_array * 2
Out[20]: array([ 4, 28, 12, 16, 8])

In [21]: my_array / 2
Out[21]: array([ 1. , 7. , 3. , 4. ])
```

リストを用いて同様の操作を実行するのはずっと大変です。その理由は、リストにはベクトル化され

14 | 1章　NumPy配列を操作する

た処理がサポートされていないので、要素を反復する必要が生じるからです。NumPy配列の作成方法
はたくさんありますが、次にその1つを使って、すべての要素の値がゼロの配列を作成してみましょう。
続いて、2つの配列間の要素ごとの演算におけるNumPyの振る舞いを調べるために、いくつか算術演
算を実行してみます。

```
In [22]: second_array = np.zeros(4) + 3
         second_array
Out[22]: array([ 3., 3., 3., 3.])

In [23]: my_array - second_array
Out[23]: array([ -1., 11., 3., 5.])

In [24]: second_array / my_array
Out[24]: array([ 1.5 , 0.21428571, 0.5 , 0.375 ])
```

　上のコードで行ったのと同様に、すべての要素が1である配列をnp.onesで、もしくは単位行列を
np.identityで作成して、前回と同じ代数演算を実行できます。

```
In [25]: second_array = np.ones(4) + 3
         second_array
Out[25]: array([ 4., 4., 4., 4.])

In [26]: my_array - second_array
Out[26]: array([ -2., 10., 2., 4.])

In [27]: second_array / my_array
Out[27]: array([ 2. , 0.28571429, 0.66666667, 0.5 ])
```

　np.onesを使うと予想通りの動作をしますが、単位行列を用いると、以下のように形状が(4, 4)の配
列が返されます。

```
In [28]: second_array = np.identity(4)
         second_array
Out[28]: array([[ 1., 0., 0., 0.],
               [ 0., 1., 0., 0.],
               [ 0., 0., 1., 0.],
               [ 0., 0., 0., 1.]])

In [29]: second_array = np.identity(4) + 3
         second_array
Out[29]: array([[ 4., 3., 3., 3.],
```

```
           [ 3., 4., 3., 3.],
           [ 3., 3., 4., 3.],
           [ 3., 3., 3., 4.]])

In [30]: my_array - second_array
Out[30]: array([[ -2., 11.,  3.,  5.],
           [ -1., 10.,  3.,  5.],
           [ -1., 11.,  2.,  5.],
           [ -1., 11.,  3.,  4.]])
```

何が行われているかというと、my_arrayの最初の要素がsecond_arrayの第1列のすべての要素から
引かれ、2番目の要素が第2列のすべての要素から引かれ、と続いていきます。同じ規則は、割り算に
も適用されます。同一形状でない配列間でも、配列演算が実行できることに留意してください。本章
の後方で、形状の違いのため2つの配列間の計算ができない場合に起きるブロードキャスティングのエ
ラーについて解説します。

```
In [31]: second_array / my_array
Out[31]: array([[2.        , 0.21428571, 0.5       , 0.375     ],
           [1.5       , 0.28571429, 0.5       , 0.375     ],
           [1.5       , 0.21428571, 0.66666667, 0.375     ],
           [1.5       , 0.21428571, 0.5       , 0.5       ]])
```

NumPy配列を作成するのに最も便利な方法の1つがarangeです。この関数は、開始、終了、間隔
の値を与えると、それに合わせた配列を返します。第1引数に開始値、第2引数に終了値（値の作成を
止める点）、第3引数に間隔を指定します。さらに任意で第4引数としてデータ型を指定することもでき
ます。間隔のデフォルト値は1です。

```
In [32]: x = np.arange(3,7,0.5)
         x
Out[32]: array([3. , 3.5, 4. , 4.5, 5. , 5.5, 6. , 6.5])
```

間隔はわからないが、いくつに分割したいのかはわかっている場合には、開始値と終了値の間で均
等に値を並べた配列を作成する方法もあります。

```
In [33]: x = np.linspace(1.2, 40.5, num=20)
         x
Out[33]: array([ 1.2       ,  3.26842105,  5.33684211,  7.40526316,  9.47368421,
           11.54210526, 13.61052632, 15.67894737, 17.74736842, 19.81578947,
           21.88421053, 23.95263158, 26.02105263, 28.08947368, 30.15789474,
           32.22631579, 34.29473684, 36.36315789, 38.43157895, 40.5       ])
```

次に紹介する2つのメソッドは、使用法は似ていますが、底のスケールが異なるため、返す数列が異なります。したがって、配列要素の値の分布も異なります。1つ目のメソッドはgeomspaceと言い、対数スケールの等比数列を返します。

```
In [34]: np.geomspace(1, 625, num=5)
Out[34]: array([ 1., 5., 25., 125., 625.])
```

2つ目のメソッドはlogspaceで、開始値と終了値の間を対数スケールで均等に値を並べた配列を返します。

```
In [35]: np.logspace(3, 4, num=5)
Out[35]: array([ 1000.        , 1778.27941004, 3162.27766017, 5623.4132519 ,
                10000.        ])
```

引数に指定しているのは何でしょうか。開始値が3で終了値が4の場合、この関数は指定した範囲よりもずっと大きな値を返します。実際は、デフォルトで開始値が10**Start Argument、終了値が10**End Argumentにセットされます。したがって、厳密に言うと、この例では、開始値が10**3で終了値が10**4になります。このような状況を避けて、開始値と終了値を引数で指定したのと同じ値にしておくことも可能です。コツは、先ほど用いた値の常用対数を指定することです。

```
In [36]: np.logspace(np.log10(3) , np.log10(4) , num=5)
Out[36]: array([3.        , 3.2237098 , 3.46410162, 3.72241944, 4.        ])
```

ここまでで、分布の異なる配列を作成する、いろいろな手法に慣れ親しみました。また、これらの配列に対して基本的な演算を実行する方法も学びました。引き続き、日々の仕事で確実に役立つ他の便利な関数をもう少し紹介していきます。配列を計算で使う際には、複数の配列を扱う場合がほとんどで、配列同士を非常に高速に比較する必要があります。NumPyにはこのような問題に対する素晴らしい解決方法が用意されています。2つの配列を、あたかも2つの整数のように比較できるのです。

```
In [37]: x = np.array([1, 2, 3, 4])
         y = np.array([1, 3, 4, 4])
         x == y
Out[37]: array([ True, False, False, True], dtype=bool)
```

比較は要素ごとに行われ、2つの異なる配列の要素同士が一致するか否かのブール値のベクトルが返されます。この手法は、小さいサイズの配列で効果的で、詳しい情報も表示されます。出力される配列でFalseとなっている要素は、比較した2つの配列で一致していないことがわかります。さらに、大きな配列を比較したい場合に、2つの配列の全要素同士が一致するか否かを1つの値で返すこともできます。

```
In [38]: x = np.array([1, 2, 3, 4])
         y = np.array([1, 3, 4, 4])
         np.array_equal(x,y)
Out[38]: False
```

上の例では、1つのブール値の出力が返されます。2つの配列が同一でないことはわかりますが、正確にどの要素が一致しないのかはわかりません。さらに、2つの配列が同一か否かを調べる以外のこともできます。2つの配列の、要素ごとの大きさの比較もできます。

```
In [39]: x = np.array([1, 2, 3, 4])
         y = np.array([1, 3, 4, 4])
         x < y
Out[39]: array([False, True, True, False], dtype=bool)
```

論理比較（AND、OR、XOR）をする場合には、以下のように行います。

```
In [40]: x = np.array([0, 1, 0, 0], dtype=bool)
         y = np.array([1, 1, 0, 1], dtype=bool)
         np.logical_or(x,y)
Out[40]: array([ True, True, False, True], dtype=bool)

In [41]: np.logical_and(x,y)
Out[41]: array([False, True, False, False], dtype=bool)

In [42]: x = np.array([12,16,57,11])
         np.logical_or(x < 13, x > 50)
Out[42]: array([ True, False, True, True], dtype=bool)
```

これまでに、足し算や掛け算のような代数演算を網羅しました。では、このような演算を、指数関数、対数関数、三角関数などの超越関数に対して使うにはどうしたらよいでしょうか。

```
In [43]: x = np.array([1, 2, 3, 4])
         np.exp(x)
Out[43]: array([ 2.71828183, 7.3890561 , 20.08553692, 54.59815003])

In [44]: np.log(x)
Out[44]: array([ 0. , 0.69314718, 1.09861229, 1.38629436])

In [45]: np.sin(x)
Out[45]: array([ 0.84147098, 0.90929743, 0.14112001, -0.7568025 ])
```

行列の転置は、どのように行うのでしょうか。まずは、reshape関数とarangeを併用して、行列を

希望の形状にします。

```
In [46]: x = np.arange(9)
         x
Out[46]: array([0, 1, 2, 3, 4, 5, 6, 7, 8])

In [47]: x = np.arange(9).reshape((3, 3))
         x
Out[47]: array([[0, 1, 2],
                [3, 4, 5],
                [6, 7, 8]])

In [48]: x.T
Out[48]: array([[0, 3, 6],
                [1, 4, 7],
                [2, 5, 8]])
```

　この例では3×3の配列を転置するため、どちらの次元も3なので、転置後の形状は変わりません。では、正方行列ではない場合にどうなるかを調べてみましょう。

```
In [49]: x = np.arange(6).reshape(2,3)
         x
Out[49]: array([[0, 1, 2],
                [3, 4, 5]])

In [50]: x.T
Out[50]: array([[0, 3],
                [1, 4],
                [2, 5]])
```

　転置は思った通りに行われ、次元も変更されます。さらに、平均値、中央値、標準偏差などの要約統計量を求めることもできます。まずは、基本統計量を計算するためのNumPyの関数から見ていきましょう。

関数	説明
np.sum	配列全体、あるいは指定した軸沿いの和を返す
np.amin	配列全体、あるいは指定した軸沿いの最小値を返す
np.amax	配列全体、あるいは指定した軸沿いの最大値を返す
np.percentile	配列全体、あるいは指定した軸沿いのパーセンタイルを返す
np.nanmin	np.aminと同じだが、配列中のNaN値を無視する
np.nanmax	np.amaxと同じだが、配列中のNaN値を無視する

関数	説明
np.nanpercentile	np.percentileと同じだが、配列中のNaN値を無視する

　以下のコードブロックは、上の表の統計関数の使用例です。これらの関数は、必要に応じて、配列全体もしくは軸ごとに作用させられるので、とても便利です。NumPyの多次元配列をデータ構造として使用するSciPyは、これらの関数を、より完全な機能を持った高度な実装として提供していることに留意してください。

```
In [51]: x = np.arange(9).reshape((3,3))
         x
Out[51]: array([[0, 1, 2],
                [3, 4, 5],
                [6, 7, 8]])

In [52]: np.sum(x)
Out[52]: 36

In [53]: np.amin(x)
Out[53]: 0

In [54]: np.amax(x)
Out[54]: 8

In [55]: np.amin(x, axis=0)
Out[55]: array([0, 1, 2])

In [56]: np.amin(x, axis=1)
Out[56]: array([0, 3, 6])

In [57]: np.percentile(x, 80)
Out[57]: 6.4000000000000004
```

　axis引数では、この関数を作用させる次元を指定します。この例では、axis=0は第1軸、すなわちx軸を表し、axis=1は第2軸、すなわちy軸を表します。通常のamin(x)関数を使うと、配列全体の最小値を返すため1つの値が得られますが、軸を指定すると、軸ごとに評価するため、各行もしくは各列に対する結果を格納した配列を返します。今、大きな配列があるとして、最大値はamaxで求められますが、最大値のインデックスを別の関数に渡したい場合にはどうすればよいでしょうか。そのような場合には、以下のコード片で示すように、argminとargmaxが役立ちます。

20 | 1章　NumPy配列を操作する

```
In [58]: x = np.array([1,-21,3,-3])
         np.argmax(x)
Out[58]: 2

In [59]: np.argmin(x)
Out[59]: 1
```

統計関数はまだまだあります。

関数	説明
np.mean	配列全体、あるいは指定した軸沿いの平均値を返す
np.median	配列全体、あるいは指定した軸沿いの中央値を返す
np.std	配列全体、あるいは指定した軸沿いの標準偏差を返す
np.nanmean	np.meanと同様だが、配列中のNaN値を無視する
np.nanmedian	np.medianと同様だが、配列中のNaN値を無視する
np.nanstd	np.stdと同様だが、配列中のNaN値を無視する

　以下のコードに、上のNumPyの統計メソッドの例を示します。これらのメソッドは、データの特徴や分布を分析するデータディスカバリの段階で、頻繁に使用されます。

```
In [60]: x = np.array([[2, 3, 5], [20, 12, 4]])
         x
Out[60]: array([[ 2,  3,  5],
                [20, 12,  4]])

In [61]: np.mean(x)
Out[61]: 7.666666666666667

In [62]: np.mean(x, axis=0)
Out[62]: array([ 11. ,  7.5,  4.5])

In [63]: np.mean(x, axis=1)
Out[63]: array([ 3.33333333, 12.  ])

In [64]: np.median(x)
Out[64]: 4.5

In [65]: np.std(x)
Out[65]: 6.3944420310836261
```

1.7　多次元配列を取り扱う

本節では、多次元配列の概要を、様々な行列演算の実行を通して理解していきます。

NumPyで行列の掛け算を行うには、*ではなくdot()を使う必要があります。

```
In [66]: c = np.ones((4, 4))
         c*c
Out[66]: array([[ 1., 1., 1., 1.],
                [ 1., 1., 1., 1.],
                [ 1., 1., 1., 1.],
                [ 1., 1., 1., 1.]])

In [67]: c.dot(c)
Out[67]: array([[ 4., 4., 4., 4.],
                [ 4., 4., 4., 4.],
                [ 4., 4., 4., 4.],
                [ 4., 4., 4., 4.]])
```

多次元配列の取り扱いで最も重要な主題は、スタッキング、すなわち2つの配列の合併方法です。配列を水平方向（列方向）にスタックするにはhstack、垂直方向（行方向）にスタックするにはvstackを使います。スタックしたのと同様に、列の分割をhsplit、行の分割をvsplitメソッドで実行できます。

```
In [68]: y = np.arange(15).reshape(3,5)
         x = np.arange(10).reshape(2,5)
         new_array = np.vstack((y,x))
         new_array
Out[68]: array([[ 0,  1,  2,  3,  4],
                [ 5,  6,  7,  8,  9],
                [10, 11, 12, 13, 14],
                [ 0,  1,  2,  3,  4],
                [ 5,  6,  7,  8,  9]])

In [69]: y = np.arange(15).reshape(5,3)
         x = np.arange(10).reshape(5,2)
         new_array = np.hstack((y,x))
         new_array
Out[69]: array([[ 0,  1,  2,  0,  1],
                [ 3,  4,  5,  2,  3],
                [ 6,  7,  8,  4,  5],
                [ 9, 10, 11,  6,  7],
                [12, 13, 14,  8,  9]])
```

22 | 1章　NumPy配列を操作する

以上のメソッドは、機械学習に適用する際に、特にデータセットの作成において、非常に役立ちます。配列をスタックしたら、できた配列の記述統計量を scipy.stats で確認することができます。レコードが100個あり、各レコードに10個の特徴がある場合、すなわち100行と10列からなる2次元行列を考えます。以下の例では、各特徴の記述統計量を簡単に得る方法を示します。

```
In [70]: from scipy import stats
         x= np.random.rand(100,10)
         n, min_max, mean, var, skew, kurt = stats.describe(x)
         new_array = np.vstack((mean,var,skew,kurt,min_max[0],min_max[1]))
         new_array.T
Out[70]: array([[ 5.46011575e-01, 8.30007104e-02, -9.72899085e-02,
                 -1.17492785e+00, 4.07031246e-04, 9.85652100e-01],
                [ 4.79292653e-01, 8.13883169e-02, 1.00411352e-01,
                 -1.15988275e+00, 1.27241020e-02, 9.85985488e-01],
                [ 4.81319367e-01, 8.34107619e-02, 5.55926602e-02,
                 -1.20006450e+00, 7.49534810e-03, 9.86671083e-01],
                [ 5.26977277e-01, 9.33829059e-02, -1.12640661e-01,
                 -1.19955646e+00, 5.74237697e-03, 9.94980830e-01],
                [ 5.42622228e-01, 8.92615897e-02, -1.79102183e-01,
                 -1.13744108e+00, 2.27821933e-03, 9.93861532e-01],
                [ 4.84397369e-01, 9.18274523e-02, 2.33663872e-01,
                 -1.36827574e+00, 1.18986562e-02, 9.96563489e-01],
                [ 4.41436165e-01, 9.54357485e-02, 3.48194314e-01,
                 -1.15588500e+00, 1.77608372e-03, 9.93865324e-01],
                [ 5.34834409e-01, 7.61735119e-02, -2.10467450e-01,
                 -1.01442389e+00, 2.44706226e-02, 9.97784091e-01],
                [ 4.90262346e-01, 9.28757119e-02, 1.02682367e-01,
                 -1.28987137e+00, 2.97705706e-03, 9.98205307e-01],
                [ 4.42767478e-01, 7.32159267e-02, 1.74375646e-01,
                 -9.58660574e-01, 5.52410464e-04, 9.95383732e-01]])
```

NumPy には、numpy.ma という、配列要素にマスクをかけるための優れたモジュールがあります。計算中に、一部の要素にマスクをかける（無視する）場合に、とても便利です。NumPy がマスクをかけると、その要素は無効として扱われ、計算時に除外されます。

```
In [71]: import numpy.ma as ma
         x = np.arange(6)
         print(x.mean())
         masked_array = ma.masked_array(x, mask=[1,0,0,0,0,0])
         masked_array.mean()
Out[71]: 2.5
         3.0
```

上のコードには、配列 x = [0,1,2,3,4,5] が登場します。コードでは、配列の最初の要素にマスクをかけて、平均をとっています。要素に1(True)のマスクがかけられると、配列の対応するインデックス値がマスクされます。このメソッドは、NaN値を置換する際にもとても便利です。

```
In [72]: x = np.arange(25, dtype = float).reshape(5,5)
         x[x<5] = np.nan
         x
Out[72]: array([[nan, nan, nan, nan, nan],
                [ 5.,  6.,  7.,  8.,  9.],
                [10., 11., 12., 13., 14.],
                [15., 16., 17., 18., 19.],
                [20., 21., 22., 23., 24.]])

In [73]: np.where(np.isnan(x), ma.array(x, mask=np.isnan(x)).mean(axis=0), x)
Out[73]: array([[12.5, 13.5, 14.5, 15.5, 16.5],
                [ 5. ,  6. ,  7. ,  8. ,  9. ],
                [10. , 11. , 12. , 13. , 14. ],
                [15. , 16. , 17. , 18. , 19. ],
                [20. , 21. , 22. , 23. , 24. ]])
```

前のコードでは、インデックスに条件を付けて最初の5つの要素の値をnanに置換しました。x[x<5]は、0、1、2、3、4でインデックス付けされた要素を表します。続いて、これらの値を各列の平均値で上書きします（nan値を除く）。配列操作には他にも多数の便利な関数があり、コードの簡潔化に役立ちます。

関数	説明
np.concatenate	配列を別の配列と結合する
np.repeat	配列の要素を指定した軸に沿って繰り返す
np.delete	配列の部分配列を削除した新しい配列を返す
np.insert	指定した軸の前に値を挿入する
np.unique	配列中の一意の値を見つける
np.tile	指定した入力を指定した数だけ繰り返した配列を作成する

1.8 インデックス付け、スライス、形状変換、サイズ変換、ブロードキャスティング

機械学習のプロジェクトで巨大な配列を取り扱うような場合には、頻繁にインデックス付けや、スライス、形状変換、サイズ変換などを行う必要が生じます。

24 | 1章　NumPy配列を操作する

　インデックス付けは、数学や計算機科学で使われる基本用語です。一般的な用語としてのインデックス付けは、様々なデータ構造のうちで、希望する要素を返す方法を指定するのに役立ちます。以下の例では、リストとタプルのインデックス付けを示します。

```
In [74]: x = ["USA","France", "Germany","England"]
         x[2]
Out[74]: 'Germany'

In [75]: x = ('USA',3,"France",4)
         x[2]
Out[75]: 'France'
```

　NumPyでは、インデックス付けを使用する主な目的は、配列要素の制御や操作です。インデックス付けは、包括的なルックアップテーブルを作成する手段の1つです。インデックス付けは、フィールドアクセス、基本のスライシング、高度なインデックス付けの3つの子操作からなります。フィールドアクセスでは、配列の1要素のインデックスを指定して、そのインデックスに対応する値を返します。

　NumPyは非常に強力なインデックス付けとスライシングの機能を持っています。多くの場合、スライスした領域に処理を施すには、まず配列中の欲しい要素を参照する必要があります。配列のインデックス付けは、タプルやリストの場合と同様に、角括弧を用いた記法で行うことができます。まずは、1次元配列のフィールドアクセスと単純なスライシングの仕方から始めて、より高度なテクニックへと進みます。

```
In [76]: x = np.arange(10)
         x
Out[76]: array([ 0, 1, 2, 3, 4, 5, 6, 7, 8, 9])

In [77]: x[5]
Out[77]: 5

In [78]: x[-2]
Out[78]: 8

In [79]: x[2:8]
Out[79]: array([ 2, 3, 4, 5, 6, 7])

In [80]: x[:]
Out[80]: array([ 0, 1, 2, 3, 4, 5, 6, 7, 8, 9])

In [81]: x[2:8:2]
```

1.8 インデックス付け、スライス、形状変換、サイズ変換、ブロードキャスティング **25**

```
Out[81]: array([ 2, 4, 6])
```

インデックス付けは0から開始するので、要素が1つの配列を作成すると、最初の要素はx[0]、最後の要素はx[n-1]とインデックス付けされます。前述の例が示すように、x[5]は6番目の要素を指します。インデックスには負の値を用いることもできます。NumPyでは、負の値は後ろからn番目と解釈されます。前の例では、x[-2]は最後から2番目の要素を指しています。さらに、開始と終了のインデックスを指定すれば、複数の要素を選択できます。また、その際、第3引数に増分のレベルを指定すれば、等間隔の連続的なインデックス付けも作成できます。前出のコードの最終行がその例です。

これまでに、1次元配列のインデックス付けとスライスの仕方を学びました。多次元配列でも理屈は同じですが、見本として、多次元配列のインデックス付けとスライスを練習します。多次元配列で変わる唯一の点は、軸の数が多いことです。n次元配列をスライスするには、以下のコード例のように、[x軸のスライス，y軸のスライス]という形式で指定します。

```
In [82]: x = np.reshape(np.arange(16),(4,4))
         x
Out[82]: array([[ 0,  1,  2,  3],
                [ 4,  5,  6,  7],
                [ 8,  9, 10, 11],
                [12, 13, 14, 15]])

In [83]: x[1:3]
Out[83]: array([[ 4,  5,  6,  7],
                [ 8,  9, 10, 11]])

In [84]: x[:,1:3]
Out[84]: array([[ 1,  2],
                [ 5,  6],
                [ 9, 10],
                [13, 14]])

In [85]: x[1:3,1:3]
Out[85]: array([[ 5,  6],
                [ 9, 10]])
```

上の例では、配列をそれぞれ行と列でスライスしましたが、不規則な、もしくは動的なスライスは行っていません。つまり、スライスは、常に長方形か正方形の形に行っていました。続いて、4×4の配列のスライスを考えてみましょう。

$$X = \begin{bmatrix} x_{11} & x_{12} & x_{13} & x_{14} \\ x_{21} & x_{22} & x_{23} & x_{24} \\ x_{31} & x_{32} & x_{33} & x_{34} \\ x_{41} & x_{42} & x_{43} & x_{41} \end{bmatrix}$$

図1-3 4×4配列をスライスする

網掛けの部分だけをスライスするには、以下のコードを実行します。

```
In [86]: x = np.reshape(np.arange(16),(4,4))
         x
Out[86]: array([[ 0,  1,  2,  3],
                [ 4,  5,  6,  7],
                [ 8,  9, 10, 11],
                [12, 13, 14, 15]])

In [87]: x[[0, 1, 2], [0, 1, 3]]
Out[87]: array([ 0,  5, 11])
```

高度なインデックス付けでは、最初の部分でスライスしたい行を、2番目の部分でスライスしたい列を指定します。上の例では、まず第1、第2、第3行（[0,1,2]）をスライスし、続いてスライスした行の第1、第2、第4列（[0,1,3]）をスライスしています。

reshape関数とresize関数は似ているようですが、出力が異なります。配列にreshapeを適用すると、一時的に出力の形状が変わりますが、配列自体は変わりません。一方、配列にresizeを適用すると、配列のサイズは恒久的に変化し、新しい配列が元の配列より大きい場合には、新しい配列の要素は、元の配列の要素のコピーの繰り返しで埋められます。逆に、新しい配列の方が小さい場合には、新しい配列は、元の配列のインデックスを、新しい配列を埋めるのに必要な順に抽出します。ここで、同一データが、異なるndarray間で共有され得ることに注意してください。つまり、1つのndarrayは別のndarrayのビューであり得ます。このような場合には、1つの配列に対して加えられる変更が、他のビューに影響を及ぼします。

以下のコードでは、新しい配列が元の配列よりそれぞれ大きい場合と小さい場合の要素の埋められ方を示しています。

1.8 インデックス付け、スライス、形状変換、サイズ変換、ブロードキャスティング | **27**

```
In [88]: x = np.arange(16).reshape(4,4)
         x
Out[88]: array([[ 0,  1,  2,  3],
                [ 4,  5,  6,  7],
                [ 8,  9, 10, 11],
                [12, 13, 14, 15]])

In [89]: np.resize(x,(2,2))
Out[89]: array([[0, 1],
                [2, 3]])

In [90]: np.resize(x,(6,6))
Out[90]: array([[ 0,  1,  2,  3,  4,  5],
                [ 6,  7,  8,  9, 10, 11],
                [12, 13, 14, 15,  0,  1],
                [ 2,  3,  4,  5,  6,  7],
                [ 8,  9, 10, 11, 12, 13],
                [14, 15,  0,  1,  2,  3]])
```

　本節最後の重要な用語は、ブロードキャスティングです。ここでは、異なる形状の2つの配列に算術演算を行う際の、NumPyの振る舞いを解説します。NumPyには2つのブロードキャスティングの規則があります。配列の次元が同一の場合と、片方の次元の1つが1の場合です。この条件のどちらか一方が満たされない場合は、「frames are not aligned」もしくは「operands could not be broadcast together」のいずれかのエラーになります。

```
In [91]: x = np.arange(16).reshape(4,4)
         y = np.arange(6).reshape(2,3)
         x+y
         ---------------------------------------------------------------------
         ValueError Traceback (most recent call last)
         <ipython-input-102-083fc792f8d9> in <module>()
         1 x = np.arange(16).reshape(4,4)
         2 y = np.arange(6).reshape(2,3)
         ----> 3 x+y
         12
         ValueError: operands could not be broadcast together with shapes (4,4) (2,3)
```

　形状が(4, 4)と(4,)や、(2, 2)と(2, 1)の場合に、2つの行列の掛け算ができた経験があるかもしれませんね。最初のケースは、次元が1の条件を満たすので、ベクトル×配列の掛け算になるため、ブロードキャスティングの問題が起きないのです。以下に例を示します。

28 | 1章　NumPy配列を操作する

```
In [92]: x = np.ones(16).reshape(4,4)
         y = np.arange(4)
         x*y
Out[92]: array([[ 0., 1., 2., 3.],
                [ 0., 1., 2., 3.],
                [ 0., 1., 2., 3.],
                [ 0., 1., 2., 3.]])

In [93]: x = np.arange(4).reshape(2,2)
         x
Out[93]: array([[0, 1],
                [2, 3]])

In [94]: y = np.arange(2).reshape(1,2)
         y
Out[94]: array([[0, 1]])

In [95]: x*y
Out[95]: array([[0, 1],
                [0, 3]])
```

　上のコード片には、計算の際に小さい方の配列がより大きい方の配列に繰り返し掛け算され、出力が配列全体に引き伸ばされる、第2のケースの例が示されています。このため、(4, 4) と (2, 2) の出力があるのです。掛け算の際に、両方の配列のより大きな次元へのブロードキャスティングが行われるのです。

1.9　1章のまとめ

　本章では、NumPyの基本的な配列操作に慣れ親しみ、行列演算の基本を復習しました。豊富なメソッドと配列操作を持つNumPyは、Pythonのサイエンススタックの極めて重要なライブラリとなっています。本章ではまた、多次元配列の操作も学び、インデックス付け、スライシング、形状変更、サイズ変更、ブロードキャスティングなどの重要なテーマを取り上げました。本章の主な目的は、NumPyによる数値データセットの取り扱い方の概要をお伝えすることでした。この内容は、日々のデータ分析作業に役立つはずです。

　次章では、線形代数の基礎を学び、NumPyを用いた実践的な例題に取り組みます。

2章
NumPyの線形代数

数学の主要な分野の1つに**代数学**があります。その一部門である線形代数は、線形方程式と、線形空間すなわちベクトル空間の写像に焦点を当てます。あるベクトル空間と別のベクトル空間の間の線形写像を作成する際には、実際には行列と呼ぶデータ構造を作成しているのです。線形代数の主要な使い方は連立線形方程式を解くことですが、非線形系の近似としても使われます。理解したい複雑なモデルや系を思い浮かべ、それを非線形モデルとして捉えてみてください。そのような場合、その問題の複雑で非線形な特徴を、連立線形方程式に単純化し、線形代数を利用して解くことができるのです。

コンピュータ科学では、線形代数は**機械学習**（ML：machine learning）で多用されています。機械学習の用途では、高次元の配列を取り扱いますが、これは簡単に線形方程式に変換して、特徴同士の相互作用を特定の空間で分析することができます。例えば、あなたが画像認識のプロジェクトに携わっているとしましょう。課題はMRI画像から脳腫瘍を検出することです。厳密に言うと、あなたのアルゴリズムは、医師がするように、与えられた画像をじっくり見て脳の腫瘍を検出しなければなりません。医師は、異常を発見できるという点で有利です。人間の脳は、視覚的な入力を解釈するように何千年もかけて進化してきました。このため人間は、あまり労力をかけることなく直感的に異常を検知することができるのです。一方、アルゴリズムを用いて同様の課題を遂行するには、過程をできるだけ詳細に検討し、機械が理解できるように形式仕様を記述しなければなりません。

まず最初に、MRIのデータが、0と1しか処理しないコンピュータ上にどのように格納されているかを考える必要があります。コンピュータは実際にはピクセル密度を行列と呼ぶ構造に格納しています。つまりMRI画像を、各要素にピクセルの値が格納された、大きさがN^2のベクトルに変換しています。例えばこのMRI画像の大きさが512×512であれば、各ピクセルは、262,144ピクセル中の1点になります。したがって、この行列に対してあなたがどんな計算操作を実行しても、その計算にはほぼ確実に線形代数の原理が使われているはずです。この例が機械学習における線形代数の重要性の見本として不十分に思われるなら、ディープラーニングでの使用例を見てみましょう。一言で言うと、ディープラーニングとは、ニューラルネットワークの構造を使って、レイヤ間の神経接続の重みを繰り返し更新して

いくことで、望みの出力（ラベル）を学習するアルゴリズムのことです。単純なディープラーニングのアルゴリズムの図で表したものを以下に示します。

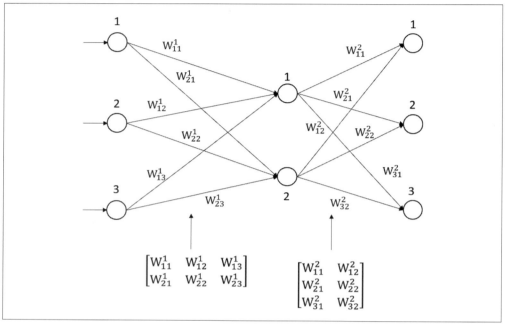

図2-1 単純なディープラーニングのアルゴリズム

　ニューラルネットワークは、レイヤ間の重みや閾値（バイアス）の値を行列として格納します。これらの値は、自分のディープラーニングモデルの損失関数を最小にするように調整するパラメータなので、計算を繰り返して値を更新していきます。一般に、機械学習モデルは大量の計算を要するので、効率的な結果を提供するように大きなデータセットで訓練をする必要があります。これが、線形代数が機械学習の根底にある理由です。

　本章ではNumPyライブラリを使いますが、NumPyの線形代数関数のほとんどは`import scipy`によってもインポートされ、SciPyの関数には実質的にNumPyの関数も含まれていることに留意してください。たいていの場合、標準的には両方のライブラリをインポートして計算を行います。SciPyの重要な特徴の1つは、フル装備の線形代数モジュールがあることです。SciPyの文書に目を通すことと、本書で紹介する演算をそのSciPy版でも練習してみることを強くお勧めします。SciPyの線形代数モジュールへのリンクはhttps://docs.scipy.org/doc/scipy/reference/linalg.htmlです。

　本章では、以下のテーマを取り上げます。

- ベクトルと行列の数学

- 固有値とその計算方法
- ノルムと行列式の計算
- 線形方程式の解法
- 勾配の計算

2.1 ベクトルと行列の数学

前章では、ベクトルと行列の初歩的な演算を練習しました。本章では、線形代数で多用される、より高度なベクトルと行列の演算を学びます。その前に、行列演算におけるドット積（1章での「行列の積」と同じもの。本節では直積との区別を明確にするためにドット積と記す）の考え方と、複数の異なるメソッドで2次元配列のドット積をとる方法を復習しておきましょう。以下のコードブロックでは、ドット積を異なる方法で計算してみます。

```
In [1]: import numpy as np
        a = np.arange(12).reshape(3,2)
        b = np.arange(15).reshape(2,5)
        print(a)
        print(b)
Out[1]: [[ 0  1]
         [ 2  3]
         [ 4  5]]
        [[ 0  1  2  3  4]
         [ 5  6  7  8  9]]

In [2]: np.dot(a,b)
Out[2]: array([[ 5,  6,  7,  8,  9],
               [15, 20, 25, 30, 35],
               [25, 34, 43, 52, 61]])

In [3]: np.matmul(a,b)
Out[3]: array([[ 5,  6,  7,  8,  9],
               [15, 20, 25, 30, 35],
               [25, 34, 43, 52, 61]])

In [4]: a@b
Out[4]: array([[ 5,  6,  7,  8,  9],
               [15, 20, 25, 30, 35],
               [25, 34, 43, 52, 61]])
```

内積（ドット積の幾何的な定義）とドット積は、教師あり学習などの機械学習のアルゴリズムで非常に重要です。前述の腫瘍の検出の例に戻りましょう。（MRIの）画像が3つあるとします。1つ目は腫瘍あり（A）、2つ目は腫瘍なし（B）、3つ目は未知のMRI画像で**腫瘍あり**か**腫瘍なし**のどちらかのラベルを貼りたいとします。図2-2は、ベクトルaとbのドット積を幾何学的に表したものです。

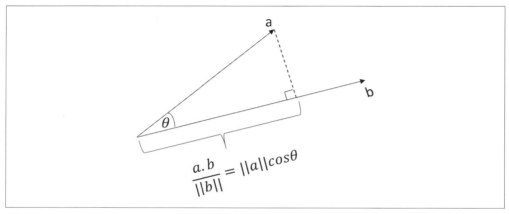

図2-2 2つのベクトルの内積

非常に単純な例として、ドット積は2つのベクトルの類似度を表します。例えば未知のMRI画像の向きがベクトルaに近ければ、アルゴリズムによってその画像は「腫瘍あり」に分類されるでしょう。そうでなければ、「腫瘍なし」に分類されます。2つ以上の配列の掛け算を1つの関数で実行したい場合には、`linalg.multi_dot()`がとても便利です。この演算を別の方法で行うには、`np.dot()`をネストして配列の積演算を行いますが、どの順番で積演算を実行すると速いかを前もって知っておく必要があります。なぜなら、`linalg.multi_dot()`では、この最適化が自動的に行われるからです。以下のコードブロックでは、前述したように、同じドット積演算を異なる方法で行います。

```
In [5]: from numpy.linalg import multi_dot
        a = np.arange(12).reshape(4,3)
        b = np.arange(15).reshape(3,5)
        c = np.arange(25).reshape(5,5)
        multi_dot([a, b, c])
Out[5]: array([[  1700,  1855,  2010,  2165,  2320],
               [  5300,  5770,  6240,  6710,  7180],
               [  8900,  9685, 10470, 11255, 12040],
               [ 12500, 13600, 14700, 15800, 16900]])

In [6]: a.dot(b).dot(c)
Out[6]: array([[  1700,  1855,  2010,  2165,  2320],
```

```
        [ 5300,  5770,  6240,  6710,  7180],
        [ 8900,  9685, 10470, 11255, 12040],
        [12500, 13600, 14700, 15800, 16900]])
```

　以下のコードが示すように、`multi_dot()`メソッドを用いると、3つの小さい配列の掛け算でも実行時間が7％も短縮されました。この時間差は、行列の数と大きさが増えるにつれ、急激に増加します。このため、`multi_dot()`を用いて、最速の評価順序を確保するようにしましょう。以下のコードで、この2つの方法の実行時間を比較できます。

```
In [7]: import numpy as np
        from numpy.linalg import multi_dot
        import time
        a = np.arange(120000).reshape(400,300)
        b = np.arange(150000).reshape(300,500)
        c = np.arange(200000).reshape(500,400)
        start = time.time()
        multi_dot([a,b,c])
        ft = time.time()-start
        print ('Multi_dot tooks', time.time()-start,'seconds.')
        start_ft = time.time()
        a.dot(b).dot(c)
        print ('Chain dot tooks', time.time()-start_ft,'seconds.')

        Multi_dot tooks 0.14687418937683105 seconds.
        Chain dot tooks 0.1572890281677246 seconds.
```

　NumPyの線形代数ライブラリには、この他にも`outer()`と`inner()`という2つの重要なメソッドがあります。`outer`メソッドは、2つのベクトルの直積を計算します。一方、`inner`メソッドは、渡された引数によって振る舞いが変化します。引数に2つのベクトルを与えると通常のドット積を計算しますが、多次元配列を与えると、`tensordot()`のように、最終軸上の積和を返します。`tensordot()`は、本節の後方で改めて登場します。ここではまず、`outer()`と`inner()`の両メソッドに焦点を当てましょう。以下の例は、この2つの関数の動作を理解するのに役立つでしょう。

```
In [8]: a = np.arange(9).reshape(3,3)
        b = np.arange(3)
        print(a)
        print(b)
        [[0 1 2]
         [3 4 5]
         [6 7 8]]
```

34 | 2章　NumPyの線形代数

```
       [0 1 2]

In [9]: np.inner(a,b)
Out[9]: array([ 5, 14, 23])

In [10]: np.outer(a,b)
Out[10]: array([[ 0,  0,  0],
                [ 0,  1,  2],
                [ 0,  2,  4],
                [ 0,  3,  6],
                [ 0,  4,  8],
                [ 0,  5, 10],
                [ 0,  6, 12],
                [ 0,  7, 14],
                [ 0,  8, 16]])
```

inner() メソッドを使った上の例では、配列の第 i 行がベクトルとのスカラー積を生成し、和は出力される配列の i 番目の要素となります。したがって、出力される配列は、以下のように構成されます。

$$[0\times0 + 1\times1 + 2\times2, 0\times3 + 1\times4 + 2\times5, 0\times6 + 1\times7 + 2\times8] = [5, 14, 23]$$

以下のコードブロックでは、outer() で、同じ配列が1次元になったものに対して実行します。お気付きのように、結果は2次元配列で得られた結果とぴったり一致します。

```
In [11]: a = np.arange(9)
         np.ndim(a)
Out[11]: 1

In [12]: np.outer(a,b)
Out[12]: array([[ 0,  0,  0],
                [ 0,  1,  2],
                [ 0,  2,  4],
                [ 0,  3,  6],
                [ 0,  4,  8],
                [ 0,  5, 10],
                [ 0,  6, 12],
                [ 0,  7, 14],
                [ 0,  8, 16]])
```

outer() メソッドは、ベクトル（上の例の場合は2次元配列）の直積を計算します。2次元配列では、メソッドの機能が変わるわけではなく、2次元配列を平坦化してベクトルにしてから計算します。

行列の分解に移る前に、本節の締めくくりにtensordot() メソッドを解説します。データサイエンス

のプロジェクトで主に取り扱うn次元データは、ディスカバリを行って機械学習のアルゴリズムを適用する必要があります。ベクトルと行列についてはこれまでに学びました。テンソルとは、ベクトルや行列で構成される一般的な数学オブジェクトで、高次元空間内のベクトル同士の関係を保持できるものです。

tensordot()メソッドは、2つのテンソルの縮約に使います。つまり、指定した軸上で2つのテンソルの積の和ををとることで、次元を削減します。以下のコードブロックでは、2つの配列に対するtensordot()の演算の例を示します。

```
In [13]: a = np.arange(12).reshape(2,3,2)
         b = np.arange(48).reshape(3,2,8)
         c = np.tensordot(a,b, axes =([1,0],[0,1]))
         print(a)
         print(b)
         [[[ 0  1]
           [ 2  3]
           [ 4  5]]

          [[ 6  7]
           [ 8  9]
           [10 11]]]

         [[[ 0  1  2  3  4  5  6  7]
           [ 8  9 10 11 12 13 14 15]]

          [[16 17 18 19 20 21 22 23]
           [24 25 26 27 28 29 30 31]]

          [[32 33 34 35 36 37 38 39]
           [40 41 42 43 44 45 46 47]]]

In [14]: c
Out[14]: array([[ 800,  830,  860,  890,  920,  950,  980, 1010],
                [ 920,  956,  992, 1028, 1064, 1100, 1136, 1172]])
```

2.2　固有値とその計算方法

固有値は、固有ベクトルの係数です。定義上、**固有ベクトル**は非零ベクトルで、線形変換（一次変換）が適用されると、スカラー倍だけ変化します。一般に、ベクトルに線形変換が適用されると、そのベクトル全体（原点を通る直線上）を移動しますが、一部の特殊なベクトルはこの線形変換に影響されず、

そのベクトルもそのままです。このようなベクトルが、いわゆる固有ベクトルです。固有ベクトルにスカラーを掛けると、線形変換によって固有ベクトルは単に伸び縮みするだけです。このスカラー値のことを固有値と呼びます。ある行列 A に線形変換を適用するとしましょう。固有値と固有ベクトルを数学的に表現すると、以下のようになります。

$$Av = \lambda v$$

ここで、v は固有ベクトル、λ は固有値を表します。式の左辺では、ベクトルは行列によって変換され、その結果は単に、同じベクトルにスカラーを掛けたものです。さらに、左辺は実際は行列とベクトルの掛け算ですが、右辺はスカラーとベクトルの掛け算であることに注目してください。両辺の掛け算の種類を同一にするために、λ に単位行列を掛けてみましょう。右辺全体としては不変ですが、λ はスカラーから行列に変わります。このため、両辺とも行列とベクトルの掛け算になります。

$$Av = (\lambda I)v$$

両辺から右辺を引いて、v でくくると、以下の式が得られます。

$$(A - \lambda I)v = 0$$

したがって、新たに次の行列が得られます。

$$\begin{bmatrix} x_{11} - \lambda & x_{12} & x_{13} \\ x_{21} & x_{22} - \lambda & x_{23} \\ x_{31} & x_{32} & x_{33} - \lambda \end{bmatrix}$$

既におわかりのように、0以外の固有ベクトルの固有値を求めたいので（$v = 0$ では意味がないので）、固有ベクトル（v）は0であってはなりません。したがって、以下の方程式を解くのが目的です。

$$\det(A - \lambda I) = 0$$

上の式では、行列の行列式を求めています。非零行列 $(A - \lambda I)$ に対して $(A - \lambda I)v = 0$ となるには、$v \neq 0$ なので、行列式 $\det(A - \lambda I) = 0$ となる場合しかないからです。ある行列の行列式がゼロであることは、その行列を用いた変換は、すべてをより小さい次元に圧縮することを意味します[1]。次節で、行列式についてより詳しく見ていきます。ここでの真の目的は、行列式がゼロで空間を低次元に圧縮する λ を見つけることです。λ が求まれば、以下の式から固有ベクトル（v）を計算できます。

$$Av = \lambda v$$

機械学習のアルゴリズムでは、大きな次元数を取り扱います。一番の問題は、次元が巨大であるこ

---

[1] 訳注：https://ja.wikipedia.org/wiki/階数・退化次数の定理を参照。

とではなく、自分のアルゴリズムがその次元に適合するのか、性能はどうなるのか、ということです。例えば、**主成分分析**（PCA：principal component analysis）では、取り扱う次元の最も意味のある線形結合を見つけ出すことが目的です。PCAの本旨は、データセットの次元を削減しつつ、情報のロスを最小限に留めることです。ここで言う情報のロスとは、実は特徴の分散に当たります。今、5つのサンプルについて、以下のような5つの特徴とクラスのラベルがあるとします。

特徴1	特徴2	特徴3	特徴4	特徴5	クラス
1.45	42	54	1.001	1.05	イヌ
2	12	34	1.004	24.1	ネコ
4	54	10	1.004	13.4	イヌ
1.2	31	1	1.003	42.1	ネコ
5	4	41	1.003	41.4	イヌ

　上の表の**特徴4**の値は、クラスのラベルが**イヌ**でも**ネコ**でも大きな違いはありません。この特徴は、この分析では余剰になります。ここでの主目的は、クラス間で大きく異なる特徴を捨てないで取っておくことなので、特徴の値は決定に大きな役割を果たします。

　以下の例では、新たにscikit-learnというライブラリを使って、データセットを読み込み、PCAを実行します。scikit-learnは、Pythonのフリーの機械学習ライブラリで、SciPyをベースに作られています。クラス分類、回帰、クラスタ分析、SVM、DBSCAN、k平均法などの多くの機械学習アルゴリズム用の多数の組み込み関数やモジュールが用意されています。

　さらに、scikit-learnは、NumPy、SciPy、pandasとの互換性に優れています。sklearnでデータ構造にNumPy配列を使うことができます。さらに、sklearn_pandasを使い、scikit-learnのパイプライン出力をpandasのデータフレームに変換することもできます。また、scikit-learnは、auto_mlとauto-sklearnライブラリの助けを得て、機械学習アルゴリズムの自動化もサポートします。Pythonでscikit-learnをインポートするには、scikit-learnではなくsklearnと入力します。

　では、PCAにおける固有値と固有ベクトルの使い方と重要性を見るために、実践的な演習を行ってみましょう。以下のコードでは、まずNumPyでPCAをインポートして適用し、続いて結果をsklearnの組み込みメソッドと比較して検証します。ここでは、sklearnのdatasetsライブラリにある乳がんデータセットを使用します。まずは、必要なライブラリとデータセットをインポートし、続いてデータを標準化します。標準化は極めて重要で、scikit-learnなどの機械学習ライブラリの推定器には必須な場合さえあります。この例では、StandardScaler()メソッドを使って特徴を標準化します。ここでの主目的は、特徴を、標準的な正規分布（平均が0、分散が1）をとるデータのようにすることです。fit_transform()メソッドを用いて元データを変換し、平均が0、標準偏差が1の分布になるような形にします。このメソッドは、必要なパラメータを計算して変換を適用します。StandardScaler()を使うた

め、パラメータは μ と σ になります。ここで、標準化が元データから正規分布をとるデータを生成するわけではないことに注意してください。単に、平均が0、標準偏差が1となるようにデータをスケーリングするだけです。

```
In [15]: import numpy as np
         from sklearn import decomposition, datasets
         from sklearn.preprocessing import StandardScaler
         data = datasets.load_breast_cancer()
         cancer = data.data
         cancer = StandardScaler().fit_transform(cancer)
         cancer.shape
Out[15]: (569, 30)
```

　上のコードでデータの形状を確認すると、569行と30列からなることがわかります。最初と標準化後のデータを比較することで、元データがどう変換されたのかがわかりやすくなります。以下のコードブロックでは、がんデータの1列を抜き出し、変換の例を示します。

```
In [16]: before_transformation = data.data
         before_transformation[:10,:1]
Out[16]: array([[17.99],
                [20.57],
                [19.69],
                [11.42],
                [20.29],
                [12.45],
                [18.25],
                [13.71],
                [13.  ],
                [12.46]])

In [17]: cancer[:10,:1]
Out[17]: array([[ 1.09706398],
                [ 1.82982061],
                [ 1.57988811],
                [-0.76890929],
                [ 1.75029663],
                [-0.47637467],
                [ 1.17090767],
                [-0.11851678],
                [-0.32016686],
                [-0.47353452]])
```

ご覧の通り、元データは標準化された形に変換されました。標準化の計算式は、以下の通りです。

$$Z = \frac{x - \mu}{\sigma}$$

式	説明
x	標準化される値（元データにある値）
μ	分布の平均
σ	分布の標準偏差
Z	標準化された値

データを変換したら、`np.linalg.eig()`で固有値と固有ベクトルを計算するために以下のように共分散行列を計算し、続いてそれらを分解に用います。

```
In [18]: covariance_matrix = np.cov(cancer,rowvar=False)
         covariance_matrix.shape
Out[18]: (30, 30)
```

```
In [19]: eig_val_cov, eig_vec_cov = np.linalg.eig(covariance_matrix)
         eig_pairs = [(np.abs(eig_val_cov[i]), eig_vec_cov[:,i]) for i in range(len(eig_val_cov))]
```

上のコードでは、すべての特徴からなる共分散行列を計算しています。データセットには30の特徴があるので、共分散行列は形状が(30, 30)の2次元配列になります。以下のコードブロックでは、固有値を降べきの順にソートします。

```
In [20]: sorted_pairs = eig_pairs.sort(key=lambda x: x[0], reverse=True)
         for i in eig_pairs:
             print(i[0])
Out[20]: 13.3049907944
         5.70137460373
         2.82291015501
         1.98412751773
         1.65163324233
         1.2094822398
         0.676408881701
         0.47745625469
         0.417628782108
         0.351310874882
         0.294433153491
         0.261621161366
         0.241782421328
         0.157286149218
```

```
0.0943006956011
0.0800034044774
0.0595036135304
0.0527114222101
0.049564700213
0.0312142605531
0.0300256630904
0.0274877113389
0.0243836913546
0.0180867939843
0.0155085271344
0.00819203711761
0.00691261257918
0.0015921360012
0.000750121412719
0.000133279056663
```

　次元作業空間を下げるために除去する固有ベクトルを決定するために、固有値を降べきの順にソートする必要があるのです。上のソートされたリストに示されるように、大きな固有値を持つ最初の2つの固有ベクトルが、データの分布に関する情報を最も多く含んでいます。したがって、より低い次元作業空間を得るために残りを除去します。

```
In [21]: matrix_w = np.hstack((eig_pairs[0][1].reshape(30,1), eig_pairs[1] [1].reshape(30,1)))
         matrix_w.shape
         transformed = matrix_w.T.dot(cancer.T)
         transformed = transformed.T
         transformed[0]
Out[21]: array([ 9.19283683, 1.94858307])

In [22]: transformed.shape
Out[22]: (569, 2)
```

　上のコードブロックでは、最初の2つの固有ベクトルを水平にスタックします。この行列と元データの行列の掛け算を行って、元データを新しい次元数の部分空間へ射影します。最後のデータは(569, 30)から(569, 2)へ変換されていますが、これはPCAによる処理の間に28個の特徴が除去されたことを意味します。

```
In [23]: import numpy as np
         from sklearn import decomposition
         from sklearn import datasets
```

```
from sklearn.preprocessing import StandardScaler
pca = decomposition.PCA(n_components=2)
x_std = StandardScaler().fit_transform(cancer)
pca.fit_transform(x_std)[0]
```
Out[23]: array([9.19283683, 1.94858307])

　一方、他のライブラリにも、同じ演算を実行する組み込み関数が存在します。scikit-learnには、機械学習アルゴリズムで使用できる組み込みメソッドが多数用意されています。上のコードブロックでは、直前の例で行ったのと同じPCAが、2つのメソッドを使って3行のコードで実行されています。何はともあれ、この例の目的は固有値と固有ベクトルの重要性を示すことなので、本書ではNumPyを使ったシンプルなPCAのやり方も示しています。

2.3　ノルムと行列式の計算

　この節では、線形代数の2つの重要な値であるノルムと行列式を紹介します。端的に言うと、ノルムはベクトルの長さを表します。最もよく使われるノルムはL^2-ノルムで、ユークリッドノルムとしても知られています。正式には、xのL^p-ノルムの計算式は以下の通りです。

$$||x||_p = \sqrt[p]{\sum_i |x_i|^p}$$

　L^0-ノルムは、ベクトルの非零要素の個数です。これは、ゼロでない要素の数を数えれば求められます。例えば、$A = 2,5,9,0$には3つの非零要素があるので、$||A||_0 = 3$です。以下のコードブロックでは、ノルムの計算をNumPyで行う方法を示します。

```
In [24]: import numpy as np
         x = np.array([2,5,9,0])
         np.linalg.norm(x,ord=0)
```
Out[24]: 3.0

　NumPyでは、`linalg.norm()`メソッドを使ってベクトルのノルムを計算できます。最初のパラメータには入力の配列、`ord`パラメータにはノルムの次数を指定します。L^1-ノルムは**タクシーキャブノルム**、**マンハッタンノルム**とも呼ばれます。ベクトルの長さを矩形距離を計算して求めるので、$||A||_1 = (2 + 5 + 9)$、すなわち$||A||_1 = 16$となります。以下のコードブロックでは、L^1-ノルムをNumPyで計算しています。

```
In [25]: np.linalg.norm(x,ord=1)
```
Out[25]: 16.0

L^1-ノルムの用途の1つは**平均絶対誤差**（MAE：mean-absolute error）の計算です。MAEの計算式は以下の通りです。

$$\mathrm{MAE}(x_1, x_2) = \frac{1}{n}||x_1 - x_2||_1$$

L^2-ノルムは、最もよく使われるノルムです。ベクトルの長さをピタゴラスの定理を使って計算するので、$||A||_2 = \sqrt{2^2 + 5^2 + 9^2}$、すなわち$||A||_2 = 10.48$となります。

```
In [26]: np.linalg.norm(x,ord=2)
Out[26]: 10.488088481701515
```

L^2-ノルムの最もよく知られている用途の1つは**平均二乗誤差**（MSE：mean-squared error）の計算です。行列はベクトルでできているので、通常のベクトルと同様に、ノルムも長さや大きさを表しますが、解釈や計算は若干異なります。前章で行列とベクトルの掛け算を学習しましたが、行列にベクトルを掛けると、結果のベクトルは伸長します。行列のノルムは、その行列がベクトルを伸長できる最大値を明らかにします。行列AのL^1-ノルムとL^∞-ノルムがどのように計算されるかを、以下で見てみましょう。

$$A = \begin{bmatrix} 3 & 7 & 6 \\ -2 & -5 & 4 \\ 1 & 3 & -14 \end{bmatrix}$$

$m \times n$行列を仮定すると、$||A||$の計算は以下のようになります。

$$||A||_1 = \underset{1 \leq j \leq n}{\mathrm{Max}} \sum_{i=1}^{m} |a_{ij}|$$

したがって結果は以下の通りです。

$$||A||_1 = \mathrm{Max}(3 + |-2| + 1;\ 7 + |-5| + 3;\ 6 + 4 + |-14|) = \mathrm{Max}(6, 15, 24) = 24$$

では、同じ配列のノルムを、以下のようにNumPyの`linalg.norm()`メソッドを使って計算してみましょう。

```
In [27]: a = np.array([3,7,6,-2,-5,4,1,3,-14]).reshape(3,3)

In [28]: a
Out[28]: array([[  3,   7,   6],
               [ -2,  -5,   4],
               [  1,   3, -14]])

In [29]: np.linalg.norm(a, ord=1)
Out[29]: 24.0
```

```
In [30]: np.linalg.norm(a, np.inf)
Out[30]: 18.0
```

上の計算で、$||A||_1$は、まず列ごとの和を計算してからその最大値を求めており、それがこの行列の次数1のノルムになります。L^∞の場合には、最大要素の計算は行ごとに行われ、その最大値が求められ、その値が次数が無限大の行列ノルムになります。実際の計算は以下の通りです。

$$||A||_\infty = \mathrm{Max}(3 + 7 + 6; |-2| + |-5| + 4; 1 + 3 + |-14|) = \mathrm{Max}(16, 11, 18) = 18$$

NumPyの機能を検証し使用するために、同じ計算を、ベクトルのノルムの計算で行ったように`linalg.norm()`メソッドを使って実行してみましょう。次数が1および無限大のノルムの計算は、ユークリッドノルムやフロベニウスノルム（pが2）など一般のp-ノルム（ただし$p > 2$）の計算と比べて簡単です。以下の式は、p-ノルムの正式な公式で、pを2に置き換えるだけで、任意の配列のユークリッド/フロベニウスノルムの式が得られます。

$$||A||_p = \left(\sum_{i=1}^{m}\sum_{j=0}^{n} a_{ij}^p\right)^{1/p}$$

$p = 2$という特殊なケースの場合、上の式は以下のようになります。

$$||A||_2 = \left(\sum_{i=1}^{m}\sum_{j=0}^{n} a_{ij}^2\right)^{1/2}$$

以下のコードブロックに、配列aのL^2-ノルムの計算方法を示します。

```
In [31]: np.linalg.norm(a, ord=2)
Out[31]: 15.832501006406099
```

ユークリッドノルム（もしくはフロベニウスノルム）は、NumPyを使う場合には、上のコードのように`linalg.norm()`メソッドで`ord`パラメータに2を指定すると計算できます。機械学習アルゴリズムでは、ノルムは特徴空間の距離の計算に頻繁に使われます。例えば、パターン認識では、ノルム計算はk近傍法（k-NN）において連続変数や離散変数の距離計量を作成するのに使われます。同様に、ノルムはk平均法の距離計量にも重要です。最もよく使われるのは、マンハッタンノルムとユークリッドノルムです。

線形代数のまた別の重要な概念に、行列の行列式の計算があります。行列式の定義は、与えられた行列が表す線形変換の変化率です。前節では、固有値と固有ベクトルを計算する際に、任意の行列に固有ベクトルを掛けて、結果の行列式がゼロであると仮定しました。つまり、固有ベクトルに任意の行列を掛けると、その行列は平坦化されて次元が減少すると仮定しています。2×2と3×3の各行列の行

44 | 2章　NumPyの線形代数

列式はそれぞれ以下の通りです。

$$|A| = \begin{vmatrix} a & b \\ c & d \end{vmatrix} = ad - bc$$

$$|A| = \begin{vmatrix} a & b & c \\ d & e & f \\ g & h & i \end{vmatrix} = a\begin{vmatrix} e & f \\ h & i \end{vmatrix} - b\begin{vmatrix} d & f \\ g & i \end{vmatrix} + c\begin{vmatrix} d & e \\ g & h \end{vmatrix}$$

$$= a(ei - fh) - b(fg - di) + c(dh - eg)$$

NumPyでは、`linalg.det()`メソッドで行列の行列式を計算できます。では、2×2および3×3行列の行列式を上の式を使って計算し、NumPyを使って求めた結果を検証しましょう。

$$|A| = \begin{vmatrix} 2 & 3 \\ 1 & 4 \end{vmatrix}$$

計算結果は以下の通りです。

$$\det(A) = (2 \times 4) - (3 \times 1) = 5$$

3×3行列の場合には、以下のようになります。

$$|B| = \begin{vmatrix} 2 & 3 & 5 \\ 1 & 4 & 8 \\ 5 & 6 & 2 \end{vmatrix}$$

$$\det(B) = (2 \times (8 - 48)) - (3 \times (2 - 40)) + (5 \times (6 - 20))$$

$$\det(B) = -80 + 114 - 70 = -36$$

では、上の例と同じ行列の行列式を、以下のようにNumPyの`linalg.det()`メソッドを使って計算してみましょう。

```
In [32]: A= np.array([2,3,1,4]).reshape(2,2)

In [33]: A
Out[33]: array([[2, 3],
                [1, 4]])

In [34]: np.linalg.det(A)
Out[34]: 5.0

In [35]: B= np.array([2,3,5,1,4,8,5,6,2]).reshape(3,3)
```

2.3 ノルムと行列式の計算 | **45**

```
In [36]: B
Out[36]: array([[2, 3, 5],
                [1, 4, 8],
                [5, 6, 2]])

In [37]: np.linalg.det(B)
Out[37]: -36.0
```

　線形変換を表す行列の行列式が示すものは、体積の拡大率もしくは圧縮率です。行列 A の行列式が2に等しければ、この行列が表す変換により体積は2倍に拡大することを意味します。連鎖乗積を行っている場合には、線形変換後の体積変化も計算できます。例えば2つの行列を掛け合わせると、変換が2回行われます。$\det(A) = 2$、$\det(B) = 3$ とすると、変化率の合計は $\det(AB) = \det(A)\det(B)$、すなわち6倍になります。

　本章では最後に、機械学習モデルに非常に有用な**トレース**（跡）という値を取り上げます。トレースの定義は、行列の対角成分の和です。機械学習モデルでは、たいていの場合、データを説明するために複数の回帰モデルを試します。そのうちのいくつかのモデルがほぼ同程度にデータの性質を説明することはよくあるので、そのような場合には、常により単純なモデルを使って先に進みがちです。こういった折り合いをつける際に、複雑さを定量的に表すためにトレース値が非常に役立ちます。以下のコードブロックに、NumPyで2次元と3次元の行列のトレースを計算する方法を示します。

```
In [38]: a = np.arange(9).reshape(3,3)

In [39]: a
Out[39]: array([[0, 1, 2],
                [3, 4, 5],
                [6, 7, 8]])

In [40]: np.trace(a)
Out[40]: 12

In [41]: b = np.arange(27).reshape(3,3,3)

In [42]: b
Out[42]: array([[[ 0, 1, 2],
                 [ 3, 4, 5],
                 [ 6, 7, 8]],

                [[ 9, 10, 11],
                 [12, 13, 14],
```

```
       [15, 16, 17]],

      [[18, 19, 20],
       [21, 22, 23],
       [24, 25, 26]]])

In [43]: np.trace(b)
Out[43]: array([36, 39, 42])
```

ご覧のように、NumPyではtrace()メソッドで行列のトレース値を計算できます。2次元行列の場合、トレースは対角成分の和です。3次元以上の行列では、トレースは対角成分の和の配列になります。上の例では、行列Bは3次元なので、トレースの配列は以下のように構築されます。

$$\text{トレースの配列} = [0 + 12 + 24, 1 + 13 + 25, 2 + 14 + 26] = [36, 39, 42]$$

本節では、ノルム、行列式、およびトレースの計算方法と、機械学習アルゴリズムでの使われ方を学習しました。一番の目的は、これらの概念を学び、NumPyの線形代数ライブラリに慣れることでした。

2.4　線形方程式の解法

本節では、linalg.solve()メソッドを使った線形方程式の解き方を学びます。$Ax = B$のような形式の線形方程式を解くには、単純な場合にはAの逆行列を計算してBに掛ければ解が求まります。しかし、Aが高次元の場合にはAの逆行列の計算がとても大変になります。手始めに、以下のような未知数が3個の3つの線形方程式を考えてみましょう。

$$2a + b + 2c = 8$$
$$3a + 2b + c = 3$$
$$b + c = 4$$

これを行列表示すると以下のようになります。

$$A = \begin{bmatrix} 2 & 1 & 2 \\ 3 & 2 & 1 \\ 0 & 1 & 1 \end{bmatrix}, \ x = \begin{bmatrix} a \\ b \\ c \end{bmatrix}, \ B = \begin{bmatrix} 8 \\ 3 \\ 4 \end{bmatrix}$$

そうすれば、$Ax = B$を解くだけになります。解の計算は、linalg.solve()を使わなくても、NumPyだけでできます。行列Aの逆行列を計算したら、Bを掛けて解xを求めます。以下のコードブロックでは、Aの逆行列とBのドット積を計算して、xを求めます。

$$x = A^{-1}B$$

2.4 線形方程式の解法 | **47**

```
In [44]: A = np.array([[2, 1, 2], [3, 2, 1], [0, 1, 1]])
         A
Out[44]: array([[2, 1, 2],
                [3, 2, 1],
                [0, 1, 1]])

In [45]: B = np.array([8,3,4])
         B
Out[45]: array([8, 3, 4])

In [46]: A_inv = np.linalg.inv(A)
         A_inv
Out[46]: array([[ 0.2,  0.2, -0.6],
                [-0.6,  0.4,  0.8],
                [ 0.6, -0.4,  0.2]])

In [47]: np.dot(A_inv,B)
Out[47]: array([-0.2, -0.4, 4.4])
```

最終的に、$a = -0.2$、$b = -0.4$、$c = 4.4$という結果が得られます。では、同じ計算を`linalg.solve()`を使って以下のように行ってみましょう。

```
In [48]: A = np.array([[2, 1, 2], [3, 2, 1], [0, 1, 1]])
         B = np.array([8,3,4])
         x = np.linalg.solve(A, B)
         x
Out[48]: array([-0.2, -0.4, 4.4])
```

結果の確認には、2つの配列を要素ごとに比較する`allclose()`関数が使えます。

```
In [49]: np.allclose(np.dot(A, x), B)
Out[49]: True
```

　線形方程式を解くためのもう1つの重要な関数は、最小二乗解を返す`linalg.lstsq()`メソッドです。この関数は、回帰直線のパラメータを返します。回帰直線とは、各データ点から回帰直線への距離の和が最小になるような直線です。距離の二乗和は、実は回帰直線の全誤差を表します。距離が大きいと、誤差が大きいことを意味します。つまり、探しているのは、この誤差を最小にするようなパラメータです。では、`matplotlib`という非常に人気の高いPythonの2次元プロットライブラリを使って、線形回帰モデルを可視化してみましょう。以下のコードブロックでは、行列の最小二乗解を求めて、重みとバイアスを返します。

48 | 2章　NumPyの線形代数

```
In [50]: from numpy import arange,array,ones,linalg
         from pylab import plot,show
         x = np.arange(1,11)
         A = np.vstack([x, np.ones(len(x))]).T
         A
Out[50]: array([[ 1., 1.],
                [ 2., 1.],
                [ 3., 1.],
                [ 4., 1.],
                [ 5., 1.],
                [ 6., 1.],
                [ 7., 1.],
                [ 8., 1.],
                [ 9., 1.],
                [10., 1.]])

In [51]: y = [5, 6, 6.5, 7, 8,9.5, 10, 10.4,13.1,15.5]
         w = linalg.lstsq(A,y)[0]
         w
Out[51]: array([ 1.05575758, 3.29333333])

In [52]: line = w[0]*x+w[1]
         plot(x,line,'r-',x,y,'o')
         show()
```

次のように出力されます。

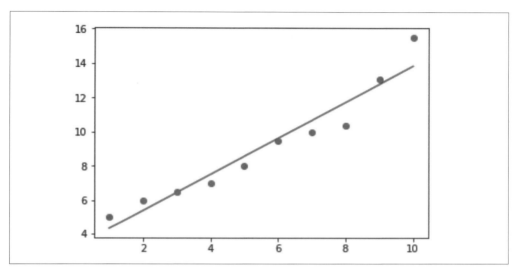

図2-3 データと回帰直線

　上のプロットは、上の例のデータに一致する回帰直線を当てはめた結果を示しています。このモデルは、予測や予報に利用できる直線を生成します。線形回帰には多くの仮定（分散が一定、誤差が独立、線形性など）が含まれるものの、データ点間の線形関係をモデル化するのに最もよく使われる手法です。

2.5　勾配の計算

　線形直線の導関数を求めると、導関数は直線の勾配を表します。多変数関数の場合には、勾配は導関数の一般化なので、求められる勾配は実際には導関数のスカラー値ではなくベクトル関数です。機械学習の主目的は、データに一致する最良のモデルを見つけることです。ここで「最良」とは、損失関数（目的関数）を最小にするという意味です。勾配は、損失関数、別名費用関数を最小にする係数や関数の値を見つけるのに使われます。最適点を見つける方法としてよく知られているのは、目的関数の導関数を求めてゼロとおき、モデルの係数を見つける方法です。係数が2つ以上ある場合は、導関数ではなく勾配になり、スカラー値ではなくベクトル方程式になります。勾配を、「すべての点における関数の次の極小値に向いたベクトル」と捉えることもできます。これは関数の最小値を見つけるための最適化の手法の中でも非常によく使われるもので、各点での勾配を計算し、その向きに係数を移動することを繰り返して最小値を見つけます。この手法を**勾配降下法**と呼びます。NumPyでは、gradient()関数を使って配列の勾配を計算します。

```
In [53]: a = np.array([1,3, 6, 7, 11, 14])
         gr = np.gradient(a)
         gr
Out[53]: array([ 2. , 2.5, 2. , 2.5, 3.5, 3. ])
```

では、この勾配がどのように計算されたのか、確認してみましょう。

```
gr[0] = (a[1]-a[0])/1 = (3-1)/1 = 2
gr[1] = (a[2]-a[0])/2 = (6-1)/2 = 2.5
gr[2] = (a[3]-a[1])/2 = (7-3)/2 = 2
gr[3] = (a[4]-a[2])/2 = (11-6)/2 = 2.5
gr[4] = (a[5]-a[3])/2 = (14-7)/2 = 3.5
gr[5] = (a[5]-a[4])/1 = (14-11)/1 = 3
```

前出のコードブロックでは、1次元配列の勾配を計算しました。以下の例では、次元を1つ増やすと計算がどう変わるかを見てみましょう。

```
In [54]: a = np.array([1,3, 6, 7, 11, 14]).reshape(2,3)
         gr = np.gradient(a)
         gr
Out[54]: [array([[6., 8., 8.],
                 [6., 8., 8.]]), array([[2. , 2.5, 3. ],
                 [4. , 3.5, 3. ]])]
```

2次元配列の場合は、上のコードのように、勾配は列ごとと行ごとに計算されます。このため、結果として2つの配列が返されます。最初の配列が行方向、2つ目の配列が列方向を表します。

2.6　2章のまとめ

本章では、線形代数のベクトルと行列の演算を紹介しました。高度な行列演算を取り上げ、特にドット演算に焦点を当てました。固有値と固有ベクトルについても学習し、その使われ方を**主成分分析**（PCA：principal component analysis）で練習しました。さらに、ノルムと行列式の計算を紹介し、それらの機械学習における重要性と使われ方にも触れました。最後の2項目では、線形方程式を行列で表現して解く方法と、勾配の計算と重要性を学びました。

次章では、NumPyの統計関数を使って、2015年のアメリカの住宅価格データを調べる探索的データ分析を行います。

3章
NumPyの統計関数で行う探索的データ分析：ボストン市の住宅価格データセット

探索的データ分析（EDA：Exploratory Data Analysis）は、データサイエンスプロジェクトに不可欠な構成部分です（**図3-1**を参照）。データに統計モデルや機械学習アルゴリズムを適用する前段階として極めて重要なステップなのですが、専門家でも飛ばしたり軽視しがちな部分でもあります。

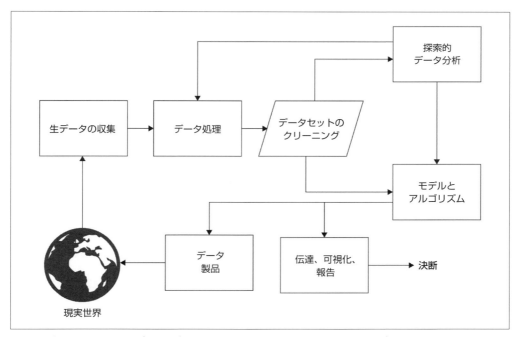

図3-1 データサイエンスのプロセス（https://en.wikipedia.org/wiki/Data_analysis）

John Wilder Tukeyは、1977年に著書*Exploratory Data Analysis*の中で探索的データ分析を提唱しています。Tukeyはこの本で、仮説を立てる手助けとして、統計解析の際にデータセットを複数の異なる方法で可視化することを、統計専門家に推奨しています。さらにEDAは、データの主要な特徴の特定が済み、データに問うべきことを理解した後にも、より高度なモデリングに進むための分析の準備としても使われます。巨視的には、EDAとは、データを仮定なしで探索する、定量方法を利用する手法です。これにより、結果を可視化してパターン、異常、およびデータの特徴の特定が可能になります。本章では、NumPyに組み込みで用意されている統計手法を使って、探索的データ分析を行います。

本章では、以下のテーマを取り上げます。

- ファイルの読み込みと保存
- データセットの探索
- 基本統計量を調べる
- 平均と分散を求める
- 相関を求める
- ヒストグラムを計算する

3.1　ファイルの読み込みと保存

本節では、データの読み込みと保存の仕方を学びます。データを読み込む方法はいくつもあり、ファイルのタイプによって正しい方法が異なります。テキストファイル、SAS/Stataファイル、HDF5ファイルなどの、多数のファイルタイプを読み込むことができます。**HDF (Hierarchical Data Format：階層構造を持つデータ形式)** は、大量のデータの格納や整理目的に使用されるデータ形式の中で最も人気の高いものの1つで、多次元の均質な配列の処理に特に便利です。例えば、pandasのライブラリには HDFStoreという非常に便利なクラスがあり、HDF5ファイルを容易に扱うことができます。データサイエンスのプロジェクトでは、こういったタイプのファイルを数多く目にすることになるでしょうが、本書では、中でも最もよく使われる、**NumPyのバイナリファイル**、**テキストファイル**(.txt)、および**カンマ区切り** (csv：comma-separated values) (.csv)ファイルを取り上げます。

取り扱いたいデータセットが巨大でメモリやディスク上に存在する場合には、bcolzというライブラリが便利です。bcolzには、カラム型の圧縮されたデータコンテナが用意されています。bcolzのオブジェクトはchunksと言い、データ全体をビットとして圧縮し、クエリすると部分的に展開します。データは圧縮されているので、記憶装置をとても効率よく使えます。また、bcolzのオブジェクトを使えば、データ取り込みの性能も上がります。bcolzライブラリの性能について知りたければ、GitHubの公式リポジトリ (https://github.com/Blosc/bcolz/wiki/Query-Speed-and-Compression) でクエリと速度を

3.1 ファイルの読み込みと保存 | **53**

比較できます。

　配列を取り扱う際には、処理が済んだら、通常はNumPyのバイナリファイルとして保存します。理由は、配列の形状とデータ型も一緒に保存したいからです。再度配列を読み込むと、NumPyはそれを覚えていて、前回終了したところから作業を続行することができます。

　さらに、NumPyのバイナリファイルが格納する配列に関する情報は、アーキテクチャが異なる別のマシン上でファイルを開く場合にも有効です。NumPyでは、load()、save()、savez()、savez_compressed()の各関数を使って、NumPyのバイナリファイルを以下のように読み込んだり保存できます。

```
In [1]: import numpy as np

In [2]: example_array = np.arange(12).reshape(3,4)

In [3]: example_array
Out[3]: array([[ 0,  1,  2,  3],
               [ 4,  5,  6,  7],
               [ 8,  9, 10, 11]])

In [4]: np.save('example.npy',example_array)

In [5]: d = np.load('example.npy')

In [6]: np.shape(d)
Out[6]: (3, 4)

In [7]: d
Out[7]: array([[ 0,  1,  2,  3],
               [ 4,  5,  6,  7],
               [ 8,  9, 10, 11]])
```

　上のコードでは、以下のステップを実行して、配列をバイナリファイルとして保存し、形状を変えることなく再度読み込んでいます。

1. 形状が(3, 4)の配列を作る
2. 配列をバイナリファイルに保存する
3. 配列を再度読み込む
4. 形状が同じかどうかを確認する

　同様に、savez()関数を使うと、複数の配列を1つのファイルに保存できます。ファイルを圧縮した

54 | 3章　NumPyの統計関数で行う探索的データ分析：ボストン市の住宅価格データセット

NumPyバイナリファイルとして保存するには、`savez_compressed()`を使って以下のように行います。

```
In [8]: x = np.arange(10)
        y = np.arange(12)
        np.savez('second_example.npz',x, y)
        npzfile = np.load('second_example.npz')
        npzfile.files
Out[8]: ['arr_0', 'arr_1']

In [9]: npzfile['arr_0']
Out[9]: array([0, 1, 2, 3, 4, 5, 6, 7, 8, 9])

In [10]: npzfile['arr_1']
Out[10]: array([ 0, 1, 2, 3, 4, 5, 6, 7, 8, 9, 10, 11])

In [11]: np.savez_compressed('compressed_example.npz', first_array = x , second_array = y)
         npzfile = np.load('compressed_example.npz')
         npzfile.files
Out[11]: ['first_array', 'second_array']

In [12]: npzfile['first_array']
Out[12]: array([0, 1, 2, 3, 4, 5, 6, 7, 8, 9])

In [13]: npzfile['second_array']
Out[13]: array([ 0, 1, 2, 3, 4, 5, 6, 7, 8, 9, 10, 11])
```

　複数の配列を1つのファイルに保存する場合には、例えば`first_array=x`のようなキーワード引数を与えれば、配列がその名前で保存されます。キーワード引数を与えなければ、デフォルトで、1番目の配列には`arr_0`のような変数名が与えられます。NumPyには、テキストファイルからデータを読み込むための`loadtxt()`という組み込み関数が用意されています。では、整数とファイルの先頭にある文字列のヘッダで構成される、`.txt`ファイルを読み込んでみましょう。

```
In [14]: a = np.loadtxt("My_file.txt", delimiter='\t')

         ----------------------------------------------------------------
         ValueError                          Traceback (most recent call last)
         <ipython-input-14-bde8ee3f2c6d> in <module>()
         ----> 1 a = np.loadtxt("My_file.txt", delimiter='\t')

         c:\users\mert_cuhadaroglu\appdata\local\programs\python\python36\lib\site-packages\
         numpy\lib\npyio.py in loadtxt(fname, dtype, comments, delimiter, converters,
```

```
                skiprows, usecols, unpack, ndmin, encoding)
      1090            # converting the data
      1091            X = None
-> 1092            for x in read_data(_loadtxt_chunksize):
      1093                if X is None:
      1094                    X = np.array(x, dtype)


c:\users\mert_cuhadaroglu\appdata\local\programs\python\python36\lib\site-packages\
numpy\lib\npyio.py in read_data(chunk_size)
      1017
      1018            # Convert each value according to its column and store
-> 1019            items = [conv(val) for (conv, val) in zip(converters, vals)]
      1020
      1021            # Then pack it according to the dtype's nesting


c:\users\mert_cuhadaroglu\appdata\local\programs\python\python36\lib\site-packages\
numpy\lib\npyio.py in <listcomp>(.0)
      1017
      1018            # Convert each value according to its column and store
-> 1019            items = [conv(val) for (conv, val) in zip(converters, vals)]
      1020
      1021            # Then pack it according to the dtype's nesting


c:\users\mert_cuhadaroglu\appdata\local\programs\python\python36\lib\site-packages\
numpy\lib\npyio.py in floatconv(x)
       736        if '0x' in x:
       737            return float.fromhex(x)
--> 738        return float(x)
       739
       740    typ = dtype.type


ValueError: could not convert string to float: 'The following numbers are generated for
the purporse of this chapter'
```

　上のコードは、文字列を浮動小数点数に変換できないため、エラーになります。これは、実は非数値を読んでいることになります。理由は、数値に加えて、ファイルの先頭にヘッダが含まれているからです。ヘッダの行数がわかっていれば、以下のように skiprows パラメータを使ってヘッダ部分を飛ばすことができます。

56 │ 3章　NumPyの統計関数で行う探索的データ分析：ボストン市の住宅価格データセット

```
In [15]: a = np.loadtxt("My_file.txt", delimiter='\t', skiprows=4)
         a
Out[15]: array([  0.,   1.,   2.,   3.,   4.,   5.,   6.,   7.,   8.,   9.,  10.,
                 11.,  12.,  13.,  14.,  15.,  16.,  17.,  18.,  19.,  20.,  21.,
                 22.,  23.,  24.,  25.,  26.,  27.,  28.,  29.,  30.,  31.,  32.,
                 33.,  34.,  35.,  36.,  37.,  38.,  39.,  40.,  41.,  42.,  43.,
                 44.,  45.,  46.,  47.,  48.,  49.,  50.,  51.,  52.,  53.,  54.,
                 55.,  56.,  57.,  58.,  59.,  60.,  61.,  62.,  63.,  64.,  65.,
                 66.,  67.,  68.,  69.,  70.,  71.,  72.,  73.,  74.,  75.,  76.,
                 77.,  78.,  79.,  80.,  81.,  82.,  83.,  84.,  85.,  86.,  87.,
                 88.,  89.,  90.,  91.,  92.,  93.,  94.,  95.,  96.,  97.,  98.,
                 99., 100., 101., 102., 103., 104., 105., 106., 107., 108., 109.,
                110., 111., 112., 113., 114., 115., 116., 117., 118., 119., 120.,
                121., 122., 123., 124., 125., 126., 127., 128., 129., 130., 131.,
                132., 133., 134., 135., 136., 137., 138., 139., 140., 141., 142.,
                143., 144., 145., 146., 147., 148., 149., 150., 151., 152., 153.,
                154., 155., 156., 157., 158., 159., 160., 161., 162., 163., 164.,
                165., 166., 167., 168., 169., 170., 171., 172., 173., 174., 175.,
                176., 177., 178., 179., 180., 181., 182., 183., 184., 185., 186.,
                187., 188., 189., 190., 191., 192., 193., 194., 195., 196., 197.,
                198., 199., 200., 201., 202., 203., 204., 205., 206., 207., 208.,
                209., 210., 211., 212., 213., 214., 215., 216., 217., 218., 219.,
                220., 221., 222., 223., 224., 225., 226., 227., 228., 229., 230.,
                231., 232., 233., 234., 235., 236., 237., 238., 239., 240., 241.,
                242., 243., 244., 245., 246., 247., 248., 249.])
```

別な手段としては、以下のようにgenfromtxt()を使い、デフォルトでヘッダをnanに変換することもできます。そうすればヘッダの行数が特定できるので、skip_headerパラメータが使えます。

```
In [16]: b = np.genfromtxt("My_file.txt", delimiter='\t')
         b
Out[16]: array([ nan,  nan,  nan,  nan,   0.,   1.,   2.,   3.,   4.,   5.,   6.,
                  7.,   8.,   9.,  10.,  11.,  12.,  13.,  14.,  15.,  16.,  17.,
                 18.,  19.,  20.,  21.,  22.,  23.,  24.,  25.,  26.,  27.,  28.,
                 29.,  30.,  31.,  32.,  33.,  34.,  35.,  36.,  37.,  38.,  39.,
                 40.,  41.,  42.,  43.,  44.,  45.,  46.,  47.,  48.,  49.,  50.,
                 51.,  52.,  53.,  54.,  55.,  56.,  57.,  58.,  59.,  60.,  61.,
                 62.,  63.,  64.,  65.,  66.,  67.,  68.,  69.,  70.,  71.,  72.,
                 73.,  74.,  75.,  76.,  77.,  78.,  79.,  80.,  81.,  82.,  83.,
                 84.,  85.,  86.,  87.,  88.,  89.,  90.,  91.,  92.,  93.,  94.,
                 95.,  96.,  97.,  98.,  99., 100., 101., 102., 103., 104., 105.,
                106., 107., 108., 109., 110., 111., 112., 113., 114., 115., 116.,
```

```
       117., 118., 119., 120., 121., 122., 123., 124., 125., 126., 127.,
       128., 129., 130., 131., 132., 133., 134., 135., 136., 137., 138.,
       139., 140., 141., 142., 143., 144., 145., 146., 147., 148., 149.,
       150., 151., 152., 153., 154., 155., 156., 157., 158., 159., 160.,
       161., 162., 163., 164., 165., 166., 167., 168., 169., 170., 171.,
       172., 173., 174., 175., 176., 177., 178., 179., 180., 181., 182.,
       183., 184., 185., 186., 187., 188., 189., 190., 191., 192., 193.,
       194., 195., 196., 197., 198., 199., 200., 201., 202., 203., 204.,
       205., 206., 207., 208., 209., 210., 211., 212., 213., 214., 215.,
       216., 217., 218., 219., 220., 221., 222., 223., 224., 225., 226.,
       227., 228., 229., 230., 231., 232., 233., 234., 235., 236., 237.,
       238., 239., 240., 241., 242., 243., 244., 245., 246., 247., 248.,
       249.])
```

同様に、loadtxt()、genfromtxt()、savetxt() 関数を使って、.csv ファイルの読み込みと保存ができます。唯一覚えておく必要があるのは、以下のように区切り文字としてカンマを使うことです。

```
In [17]: data_csv = np.loadtxt("MyData.csv", delimiter=',')

In [18]: data_csv[1:3]
Out[18]: array([[ 0.21982, 0.31271, 0.66934, 0.06072, 0.77785, 0.59984,
                  0.82998, 0.77428, 0.73216, 0.29968],
                [ 0.78866, 0.61444, 0.0107 , 0.37351, 0.77391, 0.76958,
                  0.46845, 0.76387, 0.70592, 0.0851 ]])

In [19]: np.shape(data_csv)
Out[19]: (15, 10)

In [20]: np.savetxt('MyData1.csv',data_csv, delimiter = ',')

In [21]: data_csv1 = np.genfromtxt("MyData1.csv", delimiter = ',')

In [22]: data_csv1[1:3]
Out[22]: array([[ 0.21982, 0.31271, 0.66934, 0.06072, 0.77785,
                  0.59984,
                  0.82998, 0.77428, 0.73216, 0.29968],
                [ 0.78866, 0.61444, 0.0107 , 0.37351, 0.77391, 0.76958,
                  0.46845, 0.76387, 0.70592, 0.0851 ]])

In [23]: np.shape(data_csv1)
Out[23]: (15, 10)
```

58 | 3章　NumPyの統計関数で行う探索的データ分析：ボストン市の住宅価格データセット

.txtファイルを読み込むと、以下のコードからもわかるように、デフォルトで値のNumPy配列が返されます。

```
In [24]: print (type(a))
         print (type(b))
         <class 'numpy.ndarray'>
         <class 'numpy.ndarray'>
```

データを配列からリストに変換するにはtolist()メソッドを使い、それを別の区切り文字を使って新たなファイルに保存するにはsavetxt()を以下のように使います。

```
In [25]: c = a.tolist()
         c
Out[25]: [0.0,
          1.0,
          2.0,
          3.0,
          4.0,
          5.0,
          6.0,
          7.0,
          8.0,
          9.0,
          10.0,
          11.0,
          12.0,
          13.0,
          14.0,
          15.0,
          16.0,
          17.0,
          18.0,
          ...
```

```
In [26]: np.savetxt('My_List.txt',c, delimiter=';')
```

```
In [27]: myList = np.loadtxt("My_List.txt", delimiter=';')
         type(myList)
Out[27]: numpy.ndarray
```

リストをMy_List.txtに保存したら、loadtxt()でこのファイルを読むと、再びNumPy配列が返されます。配列の文字列表現を返すようにしたい場合には、array_str()、array_repr()、あるいは

array2string() メソッドを以下のように使います。

```
In [28]: d = np.array_str(a,precision=1)
         d
Out[28]: '[  0.  1.  2.  3.  4.  5.  6.  7.  8.  9. 10. 11.\n 12. 13. 14. 15. 16. 17. 18. 19. 20. 21. 22.
          23. 24. 25. 26. ... ]'
```

array_str() と array_repr() は同じように見えますが、array_str() は配列内のデータの文字列表現を返し、array_repr() は配列そのものの文字列表現を返します。このため、array_repr() は配列のタイプとデータ型も返します。どちらの関数とも、内部でarray2string() を使っていますが、実はこの関数は任意パラメータの数が他の関数よりも多いため、最も融通のきく文字列フォーマット関数なのです。以下のコードブロックは、ボストン市の住宅価格データセットをload_boston() 関数を使って読み込みます。

```
In [29]: from sklearn.datasets import load_boston
         dataset = load_boston()
         dataset
```

本章では、sklearn.datasets パッケージの見本データセットを使って探索的データ分析の練習を行います。このデータセットは、ボストン市の住宅価格に関するものです。上のコードでは、load_boston() 関数はsklearn.datasets パッケージからインポートされ、ご覧のようにDESCR、data、feature_names、およびtarget の各属性を持つ辞書風のオブジェクトを返します。これらの属性の詳細は以下の通りです。

属性	説明
DESCR	データセットの完全な説明
data	特徴の列
feature_names	特徴の名前
target	ラベルデータ

```
Out[29]: {'data': array([[6.3200e-03, 1.8000e+01, 2.3100e+00, ..., 1.5300e+01, 3.9690e+02,
          4.9800e+00],
         [2.7310e-02, 0.0000e+00, 7.0700e+00, ..., 1.7800e+01, 3.9690e+02,
          9.1400e+00],
         [2.7290e-02, 0.0000e+00, 7.0700e+00, ..., 1.7800e+01, 3.9283e+02,
          4.0300e+00],
         ...,
         [6.0760e-02, 0.0000e+00, 1.1930e+01, ..., 2.1000e+01, 3.9690e+02,
```

```
         5.6400e+00],
       [1.0959e-01, 0.0000e+00, 1.1930e+01, ..., 2.1000e+01, 3.9345e+02,
         6.4800e+00],
       [4.7410e-02, 0.0000e+00, 1.1930e+01, ..., 2.1000e+01, 3.9690e+02,
         7.8800e+00]]),
 'target': array([24. , 21.6, 34.7, 33.4, 36.2, 28.7, 22.9, 27.1, 16.5, 18.9, 15. ,
       18.9, 21.7, 20.4, 18.2, 19.9, 23.1, 17.5, 20.2, 18.2, 13.6, 19.6,
       15.2, 14.5, 15.6, 13.9, 16.6, 14.8, 18.4, 21. , 12.7, 14.5, 13.2,
       13.1, 13.5, 18.9, 20. , 21. , 24.7, 30.8, 34.9, 26.6, 25.3, 24.7,
       21.2, 19.3, 20. , 16.6, 14.4, 19.4, 19.7, 20.5, 25. , 23.4, 18.9,
       35.4, 24.7, 31.6, 23.3, 19.6, 18.7, 16. , 22.2, 25. , 33. , 23.5,
       19.4, 22. , 17.4, 20.9, 24.2, 21.7, 22.8, 23.4, 24.1, 21.4, 20. ,
       20.8, 21.2, 20.3, 28. , 23.9, 24.8, 22.9, 23.9, 26.6, 22.5, 22.2,
       23.6, 28.7, 22.6, 22. , 22.9, 25. , 20.6, 28.4, 21.4, 38.7, 43.8,
       33.2, 27.5, 26.5, 18.6, 19.3, 20.1, 19.5, 19.5, 20.4, 19.8, 19.4,
       21.7, 22.8, 18.8, 18.7, 18.5, 18.3, 21.2, 19.2, 20.4, 19.3, 22. ,
       20.3, 20.5, 17.3, 18.8, 21.4, 15.7, 16.2, 18. , 14.3, 19.2, 19.6,
       23. , 18.4, 15.6, 18.1, 17.4, 17.1, 13.3, 17.8, 14. , 14.4, 13.4,
       15.6, 11.8, 13.8, 15.6, 14.6, 17.8, 15.4, 21.5, 19.6, 15.3, 19.4,
       17. , 15.6, 13.1, 41.3, 24.3, 23.3, 27. , 50. , 50. , 50. , 22.7,
       25. , 50. , 23.8, 23.8, 22.3, 17.4, 19.1, 23.1, 23.6, 22.6, 29.4,
       23.2, 24.6, 29.9, 37.2, 39.8, 36.2, 37.9, 32.5, 26.4, 29.6, 50. ,
       32. , 29.8, 34.9, 37. , 30.5, 36.4, 31.1, 29.1, 50. , 33.3, 30.3,
       34.6, 34.9, 32.9, 24.1, 42.3, 48.5, 50. , 22.6, 24.4, 22.5, 24.4,
       20. , 21.7, 19.3, 22.4, 28.1, 23.7, 25. , 23.3, 28.7, 21.5, 23. ,
       26.7, 21.7, 27.5, 30.1, 44.8, 50. , 37.6, 31.6, 46.7, 31.5, 24.3,
       31.7, 41.7, 48.3, 29. , 24. , 25.1, 31.5, 23.7, 23.3, 22. , 20.1,
       22.2, 23.7, 17.6, 18.5, 24.3, 20.5, 24.5, 26.2, 24.4, 24.8, 29.6,
       42.8, 21.9, 20.9, 44. , 50. , 36. , 30.1, 33.8, 43.1, 48.8, 31. ,
       36.5, 22.8, 30.7, 50. , 43.5, 20.7, 21.1, 25.2, 24.4, 35.2, 32.4,
       32. , 33.2, 33.1, 29.1, 35.1, 45.4, 35.4, 46. , 50. , 32.2, 22. ,
 ...
```

　本節では、NumPyの関数を使ったファイルの読み込みと保存を学習しました。次節では、ボストン市の住宅価格データセットを探索します。

3.2　データセットの探索

　本節では、データセットを探索し、品質チェックを行ってみます。データの形状とデータ型、欠損データやNaN値がないか、特徴の列の数、各列が表すものを確認します。では、データを読み込んで探索してみましょう。

3.2 データセットの探索 | **61**

```
In [30]: from sklearn.datasets import load_boston
         dataset = load_boston()
         samples,label, feature_names = dataset.data , dataset.target , dataset.feature_names

In [31]: samples.shape
Out[31]: (506, 13)

In [32]: label.shape
Out[32]: (506,)

In [33]: feature_names
Out[33]: array(['CRIM', 'ZN', 'INDUS', 'CHAS', 'NOX', 'RM', 'AGE', 'DIS', 'RAD',
                'TAX', 'PTRATIO', 'B', 'LSTAT'], dtype='<U7')
```

　上のコードでは、データセットを読み込んで、データセットの属性をパースしています。これから、13の特徴を持つ506個のサンプルデータがあり、506個のラベル（回帰ターゲット）があることがわかります。データセットの説明を読むには、print(dataset.DESCR)を使います。このコードの出力は長すぎてここには掲載しきれないので、一部のみ掲載します。特徴とその説明をご覧ください。

```
Data Set Characteristics:

    :Number of Instances: 506

    :Number of Attributes: 13 numeric/categorical predictive

    :Median Value (attribute 14) is usually the target

    :Attribute Information (in order):
        - CRIM     per capita crime rate by town
        - ZN       proportion of residential land zoned for lots over 25,000 sq.ft.
        - INDUS    proportion of non-retail business acres per town
        - CHAS     Charles River dummy variable (= 1 if tract bounds river; 0 otherwise)
        - NOX      nitric oxides concentration (parts per 10 million)
        - RM       average number of rooms per dwelling
        - AGE      proportion of owner-occupied units built prior to 1940
        - DIS      weighted distances to five Boston employment centres
        - RAD      index of accessibility to radial highways
        - TAX      full-value property-tax rate per $10,000
        - PTRATIO  pupil-teacher ratio by town
        - B        1000(Bk - 0.63)^2 where Bk is the proportion of blacks by town
        - LSTAT    % lower status of the population
        - MEDV     Median value of owner-occupied homes in $1000's
```

```
データセットの特徴:
  :インスタンス数: 506
  :属性数: 13 数値予測変数／カテゴリカル予測変数
  :通常は、中央値(第14属性)がターゲット
  :属性情報(順に)
    - CRIM      町ごとの単位人口当たりの犯罪発生率
    - ZN        25,000平方フィートを超える住宅区画の占める割合
    - INDUS     町ごとの非小売業の土地面積の割合
    - CHAS      チャールズ川のダミー変数(道が川沿いならば1、それ以外ならば0)
    - NOX       窒素化合物濃度(0.1 ppm単位)
    - RM        1住戸当たりの平均部屋数
    - AGE       所有者が居住する1940年以前に建てられた建物の割合
    - DIS       ボストンの5つの雇用センターからの重み付き距離
    - RAD       放射状幹線道路へのアクセス指数
    - TAX       $10,000当たりの全額固定資産税率
    - PTRATIO   町ごとの生徒と先生の割合
    - B         1000(Bk - 0.63)^2、ここでBkは町ごとの黒人の割合
    - LSTAT     低階層人口の割合(%)
    - MEDV      所有者が居住する住宅の価格の中央値を$1000単位で
```

第1章で示したように、dtypeを使うと配列のデータ型がわかります。以下のコードから、サンプルの各列とラベルに、数値(float64)データ型があることがわかります。データ型を確認することはとても重要なステップです。型と列の説明に不一致があったり、精度の低い値を用いても目標が達せられると考えられるなら、データ型を変更して配列のメモリサイズを小さくするとよいかもしれません。

```
In [35]: print(samples.dtype)
         print(label.dtype)
         float64
         float64
```

欠損値の処理は、Pythonのパッケージによって多少異なっています。NumPyライブラリには、欠損値(NA)がありません。データセットに欠損値がある場合には、読み込まれた後にNaNに変換されます。NumPyでは、第1章で紹介したマスクをかけた配列を使って、NaNを無視する手法が頻繁に使われます。

```
In [36]: np.isnan(samples)
Out[36]: array([[False, False, False, ..., False, False, False],
               [False, False, False, ..., False, False, False],
               [False, False, False, ..., False, False, False],
               ...,
               [False, False, False, ..., False, False, False],
               [False, False, False, ..., False, False, False],
               [False, False, False, ..., False, False, False]])
```

```
In [37]: np.isnan(np.sum(samples))
Out[37]: False

In [38]: np.isnan(np.sum(label))
Out[38]: False
```

データの要素ごとにNaN値を調べるには、`isnan()`メソッドを使います。このメソッドは、ブール配列を返します。大きな配列の場合には、真を返すか否かを検出するのは時間がかかります。その場合には、配列の`np.sum()`を`isnan()`のパラメータに用いれば、結果に対してブール値が1つだけ返されます。

本節では、データの概要を探索し、全体的な品質チェックを行いました。次節では、基本的な統計量を調べます。

3.3　基本統計量を調べる

本節では、データセットの基本統計量を計算して、統計分析の第一歩を踏み出します。NumPyの組み込み統計関数は限られていますが、SciPyでテコ入れすることができます。まずは、分析の流れを説明しておきましょう。すべての特徴列とラベル列は数値ですが、**Charles River dummy variable**（**CHAS**）はバイナリ値(0, 1)をとり、実はカテゴリデータをエンコードしたものであることを意味します。データセットを分析する際には、列をカテゴリと数値に分けて行うことができます。一緒に解析したい場合には、一方をもう一方に合わせて変換する必要があります。カテゴリ値を数値に変換したければ、各カテゴリをそれぞれ1つの数値に変換します。この手法を**エンコード**と呼びます。反対に、数値を境界で区切ってビン分割し、カテゴリ値に変換することもできます。

では、分析の手始めに、特徴を1つずつ探索してみましょう。統計学では、この手法を単変量解析と呼びます。単変量解析の目的は主に特徴を記述することです。ここでは、最小値、最大値、範囲、パーセンタイル、平均値、分散を計算し、ヒストグラムをプロットして各特徴の分布を分析します。さらに歪度（わいど）と尖度（せんど）の概念に触れ、刈り込み（トリム）の重要性を見ていきます。単変量解析が終わったら、2つの特徴を同時に解析する2変量解析に進みます。そのためには、2つの特徴の集合間の関係を見ていきます。

```
In [39]: np.set_printoptions(suppress=True, linewidth=125)
         minimums = np.round(np.amin(samples, axis=0), decimals=1)
         maximums = np.round(np.amax(samples, axis=0), decimals=1)
         range_column = np.round(np.ptp(samples, axis=0), decimals=1)
         mean = np.round(np.mean(samples, axis=0), decimals=1)
         median = np.round(np.median(samples, axis=0), decimals=1)
         variance = np.round(np.var(samples, axis=0), decimals=1)
```

64 | 3章　NumPyの統計関数で行う探索的データ分析：ボストン市の住宅価格データセット

```
              tenth_percentile = np.round(np.percentile(samples, 10, axis=0), decimals = 1)
              ninety_percentile = np.round(np.percentile(samples, 90 ,axis=0), decimals = 1)

  In [40]: range_column
  Out[40]: array([ 89. , 100. , 27.3, 1. , 0.5, 5.2, 97.1, 11. , 23. , 524. , 9.4, 396.6, 36.2])

  In [41]: Basic_Statistics = np.vstack((minimums,maximums,range_column,mean,median, variance,
              tenth_percentile,ninety_percentile))
              Basic_Statistics
  Out[41]: array([[    0. ,     0. ,     0.5,     0. ,     0.4,    3.6,      2.9,     1.1,
                      1. ,   187. ,    12.6,     0.3,     1.7],
                   [   89. ,   100. ,    27.7,     1. ,     0.9,    8.8,    100. ,    12.1,
                     24. ,   711. ,    22. ,   396.9,    38. ],
                   [   89. ,   100. ,    27.3,     1. ,     0.5,    5.2,     97.1,    11. ,
                     23. ,   524. ,     9.4,   396.6,    36.2],
                   [    3.6,    11.4,    11.1,     0.1,     0.6,    6.3,     68.6,     3.8,
                      9.5,   408.2,    18.5,   356.7,    12.7],
                   [    0.3,     0. ,     9.7,     0. ,     0.5,    6.2,     77.5,     3.2,
                      5. ,   330. ,    19. ,   391.4,    11.4],
                   [   73.8,   542.9,    47. ,     0.1,     0. ,    0.5,    790.8,     4.4,
                     75.7, 28348.6,     4.7,  8318.3,    50.9],
                   [    0. ,     0. ,     2.9,     0. ,     0.4,    5.6,     27. ,     1.6,
                      3. ,   233. ,    14.8,   290.3,     4.7],
                   [   10.5,    42.5,    19.6,     0. ,     0.7,    7.2,     98.8,     6.8,
                     24. ,   666. ,    20.9,   396.9,    23. ]])
```

　上のコードでは、出力のオプションを set_printoptions() メソッドで設定して、小数点以下を四
捨五入することで桁数を減らし、すべての列が画面に収まるような行幅にします。基本統計量を計算
するには、NumPyに用意されている amin()、amax()、mean()、median()、var()、percentile()、
ptp() などの組み込み関数を使います。1つの列は1つの特徴を表しているので、すべての計算は列ご
とに行われます。結果として得られる配列は、そのままでは少々雑然としていて列と統計量の対応が
わかりにくいようです。

```
  In [42]: stat_labels = ['minm', 'maxm', 'rang', 'mean','medi', 'vari','10%t','90%t']

  In [43]: print("          F1     F2     F3     F4     F5     F6     F7     F8     F9    F10    F11    F12
              F13  ")
              for stat_labels , row in zip(stat_labels,Basic_Statistics):
              print('%s [%s]' % (stat_labels, ''.join('%07s' % i for i in row)))
  Out[43]:           F1     F2     F3     F4     F5     F6     F7     F8     F9    F10    F11    F12   F13
           minm [    0.0    0.0    0.5    0.0    0.4    3.6    2.9    1.1    1.0  187.0   12.6    0.3    1.7]
```

maxm [	89.0	100.0	27.7	1.0	0.9	8.8	100.0	12.1	24.0	711.0	22.0	396.9	38.0]
rang [	89.0	100.0	27.3	1.0	0.5	5.2	97.1	11.0	23.0	524.0	9.4	396.6	36.2]
mean [	3.6	11.4	11.1	0.1	0.6	6.3	68.6	3.8	9.5	408.2	18.5	356.7	12.7]
medi [	0.3	0.0	9.7	0.0	0.5	6.2	77.5	3.2	5.0	330.0	19.0	391.4	11.4]
vari [	73.8	542.9	47.0	0.1	0.0	0.5	790.8	4.4	75.728348.6		4.7	8318.3	50.9]
10%t [	0.0	0.0	2.9	0.0	0.4	5.6	27.0	1.6	3.0	233.0	14.8	290.3	4.7]
90%t [	10.5	42.5	19.6	0.0	0.7	7.2	98.8	6.8	24.0	666.0	20.9	396.9	23.0]

NumPy配列をわかりやすく出力するには、zip()関数を使って行のラベルを付けて、列のラベル
を配列の上に表示させます。SciPyには、基本統計量を計算するための統計関数が、さらにたくさん
用意されています。SciPyのdescribe()関数は、与えられた配列の記述統計量をいくつも返します。
describe()を使うと、以下のように、観測数、最小、最大、平均、分散、歪度、尖度が1つの関数で
求められ、個別にパースすることができます。

```
In [44]: from scipy import stats
         arr= stats.describe(samples, axis=0)
         arr
Out[44]: DescribeResult(nobs=506, minmax=(array([ 0.00632, 0.      , 0.46   , 0.      ,
         0.385 , 3.561 , 2.9   , 1.1296 , 1.    , 187.   , 12.6   , 0.32   ,
         1.73   ]), array([ 88.9762, 100.   , 27.74 , 1.    , 0.871 , 8.78  ,
         100.   , 12.1265, 24.   , 711.   , 22.   , 396.9 , 37.97 ])),
         mean=array([ 3.61352356, 11.36363636, 11.13677866, 0.06916996, 0.55469506,
         6.28463439, 68.57490119, 3.79504269, 9.54940711, 408.23715415, 18.4555336 ,
         356.67403162, 12.65306324]), variance=array([ 73.9865782 , 543.93681368,
         47.06444247, 0.06451297, 0.01342764, 0.49367085, 792.35839851,
         4.43401514, 75.81636598, 28404.75948812, 4.68698912, 8334.75226292,
         50.99475951]), skewness=array([ 5.20765239, 2.21906306, 0.29414628, 3.39579929,
         0.72714416, 0.40241467, -0.59718559, 1.00877876, 1.00183349,
         0.66796827, -0.79994453, -2.88179835, 0.90377074]), kurtosis=array([36.75278626,
         3.97994877, -1.23321847, 9.53145284, -0.07586422, 1.86102697, -0.97001393,
         0.47129857, -0.8705205 , -1.14298488, -0.29411638, 7.14376929, 0.47654476]))
```

以下のコードブロックでは、基本統計量を個別に計算し、最終的に出力する行列にスタックします。

```
In [45]: minimum = arr.minmax[0]
         maximum = arr.minmax[1]
         mean = arr.mean
         median = np.round(np.median(samples,axis = 0), decimals = 1)
         variance = arr.variance
         tenth_percentile = stats.scoreatpercentile(samples, per = 10, axis = 0)
         ninety_percentile = stats.scoreatpercentile(samples, per =90, axis = 0)
```

```
          rng = stats.iqr(samples, rng = (20,80), axis = 0)
          np.set_printoptions(suppress = True, linewidth = 125)
          Basic_Statistics1 = np.round(np.vstack((minimum,maximum,rng,
          mean,median,variance,tenth_percentile,ninety_percentile)), decimals = 1)
          Basic_Statistics1.shape
Out[45]: (8, 13)

In [46]: stat_labels1 = ['minm', 'maxm', 'rang', 'mean', 'medi', 'vari', '10%t', '90%t']

In [47]: np.set_printoptions(suppress= True, linewidth= 125)
         print("            F1      F2      F3      F4      F5      F6      F7      F8      F9     F10
             F11     F12     F13")
         for stat_labels1, row1 in zip(stat_labels1, Basic_Statistics1):
             print ('%s [%s]' % (stat_labels1, ''.join('%07s' % a for a in row1)))
```

	F1	F2	F3	F4	F5	F6	F7	F8	F9	F10	F11	F12	F13
minm [	0.0	0.0	0.5	0.0	0.4	3.6	2.9	1.1	1.0	187.0	12.6	0.3	1.7]
maxm [	89.0	100.0	27.7	1.0	0.9	8.8	100.0	12.1	24.0	711.0	22.0	396.9	38.0]
rang [	5.5	20.0	13.7	0.0	0.2	0.9	57.8	3.7	20.0	393.0	3.6	32.6	11.8]
mean [	3.6	11.4	11.1	0.1	0.6	6.3	68.6	3.8	9.5	408.2	18.5	356.7	12.7]
medi [	0.3	0.0	9.7	0.0	0.5	6.2	77.5	3.2	5.0	330.0	19.0	391.4	11.4]
vari [	74.0	543.9	47.1	0.1	0.0	0.5	792.4	4.4	75.8	28404.8	4.7	8334.8	51.0]
10%t [	0.0	0.0	2.9	0.0	0.4	5.6	27.0	1.6	3.0	233.0	14.8	290.3	4.7]
90%t [	10.8	42.5	19.6	0.0	0.7	7.2	98.8	6.8	24.0	666.0	20.9	396.9	23.0]

　NumPyとは異なり、範囲を求めるにはiqr()関数が使えます。この関数は、データの指定した軸と**範囲**（rngパラメータを指定）の四分位範囲を計算します。デフォルトはrng＝(25, 75)で、関数がデータの75パーセンタイルと25パーセンタイルの差を計算するという意味です。numpy.ptp()と同じ結果を返すには、rng(0, 100)を指定することで与えられたすべてのデータの範囲を計算することになります。上のコードではstat.scoreatpercentile()を使って、numpy.percentile()メソッドと同様に、特徴の10パーセンタイルと90パーセンタイルの値を求めました。結果を眺めると、ほとんどの特徴が非常に高い分散を持つことがわかります。パラメータに(20, 80)を渡して範囲の計算を制限すると、範囲の値が大幅に減少することがわかります。これは、特徴の分布の両端に極端な値が多数存在することを示します。以上の結果から、ほとんどの特徴に関して、平均値は中央値より高いこと、すなわちこれらの特徴の分布が右に歪んでいることが結論付けられます。次節でヒストグラムをプロットすると、このことがはっきり見えます。次節ではまた、特徴の歪度と尖度をより深く分析します。

3.4 ヒストグラムを計算する

ヒストグラムは、数値データの分布を目で見える形に表したものです。この概念は、1世紀以上前にカール・ピアソンによって初めて導入されました。ヒストグラムは連続データに用いられる棒グラフの一種で、棒グラフはカテゴリ変数を目で見えるように表したものです。まず最初に、値の全範囲をいくつもの区間（ビン）に分割します。ビン同士は必ず隣接し、重複は許されません。ビンの幅は同じにするのが一般的で、1つのヒストグラム中のビンの数は経験則として5〜20がよいとされています。要するに、ビンの数が20を超えるとグラフが読みづらくなり、反対に5未満だとデータ分布の洞察を得るのが難しくなります。

```
In [48]: %matplotlib notebook
         import matplotlib.pyplot as plt
         NOX = samples[:,5:6]
         plt.hist(NOX,bins ='auto')
         plt.title("Distribution nitric oxides concentration (parts per 10 million)")
         plt.show()
```

上のコードでは、NOXという特徴のヒストグラムをプロットします。ビンの計算は自動で行われ、以下のようになります。

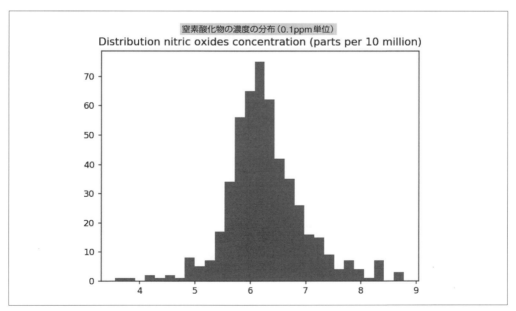

図3-2 窒素酸化物の濃度分布（y軸は個数）

ヒストグラムをプロットするには、`pyplot.hist()`の第1引数に配列のスライスを渡します。y軸には各区間（ビン）に含まれる値の個数を、x軸にはその値を表示します。`normed=True`に設定すると、**図3-3**のようにビンに含まれる値の個数の全体に対する割合が表示されます。

```
In [49]: plt.hist(NOX,bins ='auto', normed = True)
         plt.title("Distribution nitric oxides concentration (parts per 10 million)")
         plt.show()
```

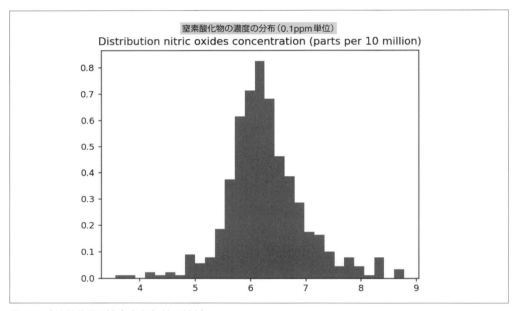

図3-3　窒素酸化物の濃度分布（y軸は割合）

ヒストグラムを見ただけでビンのサイズ（各ビンに含まれる値の個数）と境界値を読み取るのは困難です。`pyplot.hist()`を用いればこの情報を含むタプルを返すので、以下の手順で取得できます。

```
In [50]: import matplotlib.pyplot as plt
         NOX = samples[:,5:6]
         n, bins, patches = plt.hist(NOX, bins='auto')
         print('Bin Sizes')
         print(n)
         print('Bin Edges')
         print(bins)
```

上のコードは、各ビンに含まれる個数とビンの境界値を以下のように出力します。

3.4 ヒストグラムを計算する | **69**

```
Out[50]: Bin Sizes
         [ 1.  1.  0.  2.  1.  2.  1.  8.  5.  7. 17. 34. 56. 65. 75. 62. 42. 35. 26. 16.
          15.  9.  4.  7.  4.  1.  7.  0.  3.]
         Bin Edges
         [3.561      3.74096552 3.92093103 4.10089655 4.28086207 4.46082759 4.6407931
          4.82075862 5.00072414 5.18068966 5.36065517
          5.54062069 5.72058621 5.90055172 6.08051724 6.26048276 6.44044828 6.62041379
          6.80037931 6.98034483 7.16031034 7.34027586
          7.52024138 7.7002069  7.88017241 8.06013793 8.24010345 8.42006897 8.60003448
          8.78       ]
```

　では、上の出力を解釈してみましょう。1番目のビンのサイズは1で、このビン含まれる値が1個であることを示しています。1番目のビンの区間は3.561から3.74096552までです。このままでは見づらいので、以下に挙げる2つの配列を重ねる以下のコードブロックを用いて、わかりやすく表示してみましょう。

```
In [51]: bins_string = bins.astype(np.str)
         n_string = n.astype(np.str)
         lists = []
         for i in range(0, len(bins_string)-1):
             c = bins_string[i]+ "-" + bins_string[i+1]
             lists.append(c)
         new_bins = np.asarray(lists)
         Stacked_Bins = np.vstack((new_bins, n_string)).T
         Stacked_Bins
Out[51]: array([['3.561-3.740965517241379', '1.0'],
                ['3.740965517241379-3.9209310344827584', '1.0'],
                ['3.9209310344827584-4.100896551724138', '0.0'],
                ['4.100896551724138-4.280862068965517', '2.0'],
                ['4.280862068965517-4.4608275862068965', '1.0'],
                ['4.4608275862068965-4.640793103448276', '2.0'],
                ['4.640793103448276-4.820758620689655', '1.0'],
                ['4.820758620689655-5.0007241379310345', '8.0'],
                ['5.0007241379310345-5.180689655172413', '5.0'],
                ['5.180689655172413-5.360655172413793', '7.0'],
                ['5.360655172413793-5.540620689655173', '17.0'],
                ['5.540620689655173-5.720586206896551', '34.0'],
                ['5.720586206896551-5.90055172413793', '56.0'],
                ['5.90055172413793-6.08051724137931', '65.0'],
                ['6.08051724137931-6.2604827586206895', '75.0'],
                ['6.2604827586206895-6.440448275862069', '62.0'],
```

```
['6.440448275862069-6.620413793103448', '42.0'],
['6.620413793103448-6.800379310344827', '35.0'],
['6.800379310344827-6.980344827586206', '26.0'],
['6.980344827586206-7.160310344827586', '16.0'],
['7.160310344827586-7.340275862068966', '15.0'],
['7.340275862068966-7.520241379310344', '9.0'],
['7.520241379310344-7.700206896551724', '4.0'],
['7.700206896551724-7.880172413793103', '7.0'],
['7.880172413793103-8.060137931034483', '4.0'],
['8.060137931034483-8.24010344827586', '1.0'],
['8.24010344827586-8.420068965517242', '7.0'],
['8.420068965517242-8.60003448275862', '0.0'],
['8.60003448275862-8.78', '3.0']], dtype='<U36')
```

　ビンの個数と幅の決定はとても重要です。理論統計学者が定義した、最適な個数と幅を推定する関数のうち、最もよく使われるものを以下の表に示します。推定関数を numpy.histogram() の bins パラメータで指定すれば、ビンの計算方法を適宜変更できます。これらの手法は、pyplot.hist() 関数によって暗黙裡にサポートされています。その引数が numpy.histogram() に渡されるからです。

推定関数	公式
フリードマン゠ダイアコニスの法則	$h = 2\frac{\mathrm{IQR}(x)}{n^{1/3}}$ [1]
Doane の公式	$k = 1 + \log_2 n + \log_2\left(1 + \frac{|g_1|}{\sigma_{g_1}}\right)$ [2]
ライスの法則	$k = 2n^{1/3}$
スコットの正規化基準法則	$h = \frac{3.5\,\sigma}{n^{1/3}}$
スタージェスの公式	$k = \log_2 n + 1$
平方根選択	$k = \sqrt{n}$

　どの手法にも、それぞれの強みがあります。例えば、スタージェスの公式は、ガウス分布に従うデータに最適です。ライスの法則は、スタージェスの公式の簡易版で、近似的な正規分布を仮定しているので、データが正規分布に従わない場合には、うまく機能しないおそれがあります。Doane の公式は、スタージェスの公式の改良版で、特に正規分布に従わないデータ向きです。フリードマン゠ダイアコニスの法則は、スコットの法則を変更したもので、標準偏差の3.5倍をIQRの2倍に置き換えており、公式の外れ値に対する敏感さが軽減します。平方根選択は非常に一般的な手法で、高速で単純なため数多くのツールで利用されています。numpy.histogram() には、'auto' というもう1つのオプションがあ

---

[1]　IQR ＝データの四分位範囲

[2]　g_1 ＝分布の3次モーメントの歪度の推定値

り、スタージェスの公式とフリードマン＝ダイアコニスの法則のうち大きい方が得られます。では、これらの手法がヒストグラムに与える影響を見てみましょう。

```
In [52]: fig, ((ax1, ax2, ax3),(ax4,ax5,ax6)) = plt.subplots(2,3,sharex=True)
         axs = [ax1,ax2,ax3,ax4,ax5,ax6]
         list_methods = ['fd','doane', 'scott', 'rice', 'sturges','sqrt']
         plt.tight_layout(pad=1.1, w_pad=0.8, h_pad=1.0)
         for n in range(0, len(axs)):
             axs[n].hist(NOX,bins = list_methods[n])
             axs[n].set_title('{}'.format(list_methods[n]))
```

上のコードでは、6つのヒストグラムを共通のx軸でプロットしてまとめて表示します。

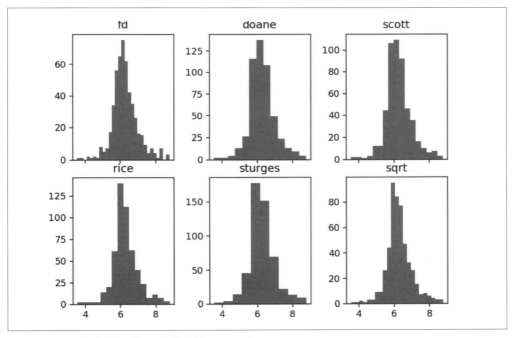

図3-4 6通りの推定関数で求めた個数と幅のヒストグラム

どのヒストグラムでも、異なるビンの手法を用いて同じ特徴を表示しています。例えば、fdの手法ではデータは正規分布に近いように見えますが、doaneの手法ではt分布により近く見えます。さらに、sturgesの手法ではビンの数が少なすぎて、データ分析を困難にしています。基本統計量を見た際に、ほとんどの特徴の平均が中間値より高いことから、データが右に歪んでいると結論付けました。しかし、sturges、rice、およびsqrtの手法を見ると、そうとは言い難いです。とは言うものの、自動のビンを用いたヒストグラムをプロットすれば、これは明らかです。

72 | 3章　NumPyの統計関数で行う探索的データ分析：ボストン市の住宅価格データセット

```
In [53]: import numpy as np
         samples_new = np.delete(samples, 3 , axis=1)
         samples_new.shape
Out[53]: (506, 12)

In [54]: %matplotlib notebook
         import matplotlib.pyplot as plt
         fig,((ax1, ax2 , ax3),(ax4, ax5, ax6), (ax7, ax8, ax9), (ax10, ax11, ax12))
             = plt.subplots(4,3, figsize = (10,15))
         axs =[ax1, ax2 , ax3, ax4, ax5, ax6, ax7, ax8, ax9, ax10, ax11, ax12]
         feature_names_new = np.delete(feature_names,3)
         for n in range(0, len(axs)):
             axs[n].hist(samples_new[:,n:n+1], bins ='auto', normed = True)
             axs[n].set_title('{}'.format(feature_names[n]))
```

　上のコードでは、すべての特徴のヒストグラムを1枚の図にまとめて表示します。これにより比較が容易になります。**図3-5**のように出力されます。

　上のコードでは、バイナリ値を含むCHASを削除しています。バイナリ値が含まれていると、ヒストグラムはこの特徴に関する洞察を得る助けにならないからです。また、残りの特徴を正しくプロットするために、特徴のリストからCHASの特徴名を除いています。

　図3-5のグラフから、人口一人当たりの犯罪率はほとんどの町で非常に低いものの、この比率が極めて高い町もあることがわかります。一般に、宅地面積は2万5千平方フィートより狭いです。多くの場合、非小売業が町全体の面積に占める割合は10％以下です。その一方で、非小売業が町全体の面積に占める割合が約20％である町の数が多いこともわかります。窒素酸化物濃度は、平均から非常に離れた外れ値がいくつかあるものの、非常に右に歪んでいます。一住戸当たりの平均部屋数は5部屋から7部屋です。1940年以前に建てられた建物の50％以上には所有者が居住しています。居住者のほとんどはボストンの雇用センターからあまり離れていないところに住んでいます。10％以上の居住者は放射状の高速道路へのアクセスがよくありません。

　かなりの数の人の固定資産税は非常に高額です。一般に、1クラスの生徒数は15人から20人です。居住する黒人の割合は、ほとんどの町で非常に似ています。ほとんどの町民の経済的地位は低めです。上のヒストグラムを見ることで、これ以外にもたくさんの結論を引き出すことができます。ご覧のように、ヒストグラムはデータの分布の仕方を説明するのにとても役立ち、平均値、分散、外れ値も見ることができます。次節では、歪度と尖度について詳しく説明します。

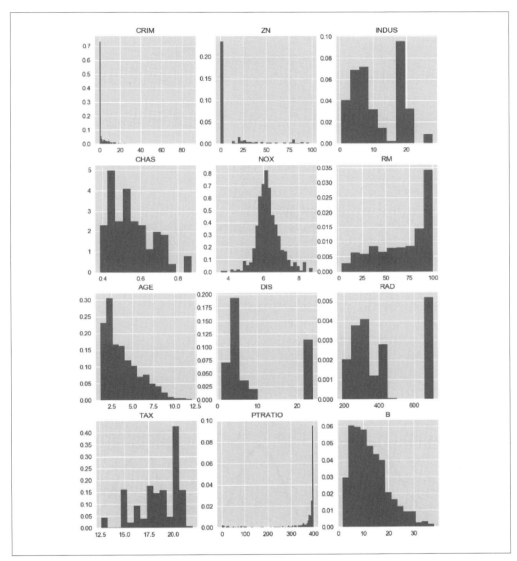

図3-5 12の特徴を1つにまとめたヒストグラム

3.5 歪度と尖度

　統計解析において、モーメントとは、基準点からの距離の期待値を定量的に表す指標です。基準点があると予想される場合は、中心モーメントと呼びます。統計学において、中心モーメントは平均値に関するモーメントです。1次モーメントとは平均値、2次モーメントは分散のことです。平均値は、デー

タ点を平均した値です。分散は、各点の平均値からの偏差の二乗を平均したものです。つまり、分散は、平均値からのデータの散らばりぐあいを示す指標です。3次中央モーメントは歪度と呼ばれるもので、平均の分布の非対称性の指標です。標準正規分布は対称なので、歪度はゼロです。一方、平均値＜中央値（メジアン）＜最頻値（モード）ならば、負の歪度があり、すなわち左に歪んでいますが、モード＜メジアン＜平均値ならば、正の歪度があり、右に歪んでいます。右に歪んでいる、左に歪んでいるという統計用語は、混乱しやすいので注意が必要です。右（左）に歪んでいると聞くと、右（左）に寄っている分布を思い浮かべるかもしれませんが、実際はその反対です。「左に歪んでいる」分布は、右に傾いて見える、分布の裾（外れ値）が左側にあるものを指します。

```
In [55]: %matplotlib notebook
         from scipy.stats import skewnorm
         fig, (ax1, ax2, ax3) = plt.subplots(1,3 ,figsize=(10,2.5))
         x1 = np.linspace(skewnorm.ppf(0.01,-3), skewnorm.ppf(0.99,-3),100)
         x2 = np.linspace(skewnorm.ppf(0.01,0), skewnorm.ppf(0.99,0),100)
         x3 = np.linspace(skewnorm.ppf(0.01,3), skewnorm.ppf(0.99,3),100)
         ax1.plot(skewnorm(-3).pdf(x1),'k-', lw=4)
         ax2.plot(skewnorm(0).pdf(x2),'k-', lw=4)
         ax3.plot(skewnorm(3).pdf(x3),'k-', lw=4)
         ax1.set_title('Left Skew')
         ax2.set_title('Normal Dist')
         ax3.set_title('Right Skew')
```

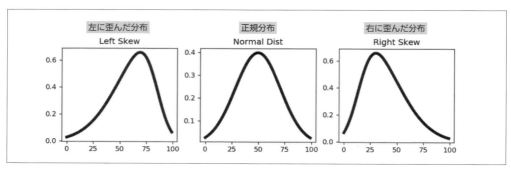

図3-6 分布の種類

skewnorm()関数を使うと、歪度のある正規分布が簡単に作れます。上のコードでは、異なる歪度を持つ、100個の値からなる分位関数（累積分布関数の逆関数。ppf：percent point function）を生成します。左に歪んだ分布と右に歪んだ分布のどちらが優れているのか、直接結論付けることはできません。データの歪度を分析する際には、裾がもたらす可能性のあることを考える必要があります。例えば、株式収益率の時系列を解析したところ、プロットが右に歪んでいたとしても、予想外の高い利益を得る心

配する必要はありません。なぜなら、右裾の外れ値が取引戦略にリスクを及ぼすことはないからです。似た例として、サーバの応答時間を分析する場合に、応答時間の確率密度関数をプロットしたら、短い応答時間を表している左裾の値は、わりとどうでもよいと思うでしょう。

平均に関する4次中央モーメントは、尖度です。尖度は、分布曲線が緩やかなのか尖っているのか、という観点から裾（外れ値）を表したものです。正規分布の尖度は3です。主な尖度には、「急尖的」（尖っている）、「尖度が3」、「緩尖的」（緩やか）の3種類があります。

```
In [56]: %matplotlib notebook
         import scipy
         from scipy import stats
         import matplotlib.pyplot as plt
         fig, (ax1, ax2, ax3) = plt.subplots(1, 3 , figsize=(10,2))
         axs= [ax1, ax2, ax3]
         Titles = ['Mesokurtic', 'Leptokurtic', 'Platykurtic']
         # Mesokurtic Distribution - Normal Distribution    尖度が3の分布 - 正規分布
         dist = scipy.stats.norm(loc=100, scale=5)
         sample_norm = dist.rvs(size = 10000)
         # Leptokurtic Distribution    急尖的な分布
         dist2 = scipy.stats.laplace(loc= 100, scale= 5)
         sample_laplace = dist2.rvs(size= 10000)
         # Platykurtic Distribution    緩尖的な分布
         dist3 = scipy.stats.cosine(loc= 100, scale= 5)
         sample_cosine = dist3.rvs(size= 10000)
         samples = [sample_norm, sample_laplace, sample_cosine]

         for n in range(0, len(axs)):
             axs[n].hist(samples[n],bins= 'auto', normed= True)
             axs[n].set_title('{}'.format(Titles[n]))
             print ("kurtosis of" + Titles[n])
             print(scipy .stats.describe(samples[n])[5])
```

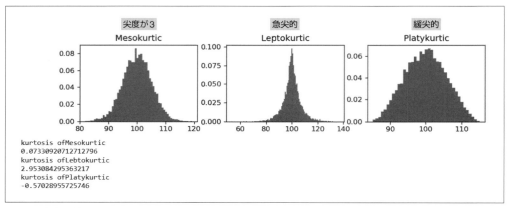

図3-7 尖度の種類

　上のコードを用いると、分布の形がよりわかりやすく見えます。すべての尖度は`stats.describe()`メソッドで正規化されているので、正規分布の尖度は実際には約3、正規化された尖度は0.02です。では、特徴の歪度と尖度の値を確認してみましょう。

```
In [57]: samples,label, feature_names = dataset.data , dataset.target, dataset.feature_names
         for n in range(0, len(feature_names_new)):
             kurt = scipy.stats.describe(samples[n])[5]
             skew = scipy.stats.describe(samples[n])[4]
             print (feature_names_new[n] + "-Kurtosis: {} Skewness: {}".format(kurt, skew))

         CRIM-Kurtosis: 2.102090573040533 Skewness: 1.9534138515494224
         ZN-Kurtosis: 2.8706349006925134 Skewness: 2.0753333576721893
         INDUS-Kurtosis: 2.9386308786131767 Skewness: 2.1061627843164086
         NOX-Kurtosis: 3.47131446484547 Skewness: 2.2172838215060517
         RM-Kurtosis: 3.461596258869246 Skewness: 2.2086627738768234
         AGE-Kurtosis: 3.395079726813977 Skewness: 2.1917520072643533
         DIS-Kurtosis: 1.9313625761956317 Skewness: 1.924572804475305
         RAD-Kurtosis: 1.7633603556547106 Skewness: 1.8601991629604233
         TAX-Kurtosis: 1.637076772210217 Skewness: 1.8266096199819994
         PTRATIO-Kurtosis: 1.7459544645159752 Skewness: 1.8679592455694167
         B-Kurtosis: 1.7375702020429316 Skewness: 1.8566444885400044
         LSTAT-Kurtosis: 1.8522036606250456 Skewness: 1.892802610207445
```

　結果より、どの特徴も歪度が正で、右に歪んでいることがわかります。尖度に関しても、どの特徴も正の値を示しています。特にNOXとRMは顕著で、非常に高い尖度を持ちます。結論として、すべての特徴の分布が急尖的な形を持つことから、データは平均の周りに集中していることを示します。次

節では、データの刈り込み（トリム）について説明し、トリムデータから統計量を計算してみます。

3.6　データの刈り込みと統計量

前節でお気付きのように、ボストン市の住宅価格データセットの特徴は非常に分散しています。モデルの外れ値の取り扱いは、解析の極めて重要な部分です。外れ値の取り扱いは、記述統計量を調べる際にも、非常に重要になります。極端な値があるために、混乱が起きやすく、分布の解釈を誤解しがちです。SciPyには、データの刈り込みと関係した記述統計量の計算を行う統計関数が多数用意されています。トリムデータの統計量を用いる趣旨は、外れ値（裾）を除くことにより、それらが統計値の計算に及ぼす影響を減らすことです。

```
In [58]: np.set_printoptions(suppress= True, linewidth= 125)
         samples = dataset.data
         CRIM = samples[:,0:1]
         minimum = np.round(np.amin(CRIM), decimals=1)
         maximum = np.round(np.amax(CRIM), decimals=1)
         variance = np.round(np.var(CRIM), decimals=1)
         mean = np.round(np.mean(CRIM), decimals=1)
         Before_Trim = np.vstack((minimum, maximum, variance, mean))
         minimum_trim = stats.tmin(CRIM, 1)
         maximum_trim = stats.tmax(CRIM, 40)
         variance_trim = stats.tvar(CRIM, (1,40))
         mean_trim = stats.tmean(CRIM, (1,40))
         After_Trim = np.round(np.vstack((minimum_trim,maximum_trim,variance_trim,mean_trim)),
             decimals=1)
         stat_labels1 = ['minm', 'maxm', 'vari', 'mean']
         Basic_Statistics1 = np.hstack((Before_Trim, After_Trim))
         print ("        Before    After")
         for stat_labels1, row1 in zip(stat_labels1, Basic_Statistics1):
             print ('%s [%s]' % (stat_labels1, ''.join('%07s' % a for a in row1)))


              Before   After
         minm [    0.0     1.0]
         maxm [   89.0    38.4]
         vari [   73.8    48.1]
         mean [    3.6     8.3]
```

上のコードでは、関数tmin()、tmax()、tvar()、tmean()を使ってトリムデータの統計量を計算しています。どの関数も第2引数に制限値をとります。CRIMという特徴では、右側に多くの裾が見られるので、データを (1, 40) に制限し、統計量を計算します。値のトリム前とトリム後の結果を比較すれば、

違いがわかります。両側から均等にデータを刈り込みたい場合には、`tmean()`の代わりに`trim_mean()`関数が使えます。データのトリム前とトリム後では、平均値と分散が相当変化することがわかります。40と89の間の極端な外れ値を多数除いたことで、分散はかなり減少しました。このトリムでは、平均値には異なる影響を及ぼします。トリム後では、平均値は倍以上になりました。理由は、トリム前の分布にはゼロがたくさん含まれていましたが、計算を1と40の間に制限したことでゼロがすべて取り除かれ、その結果として平均値が高くなったのです。上のどの関数も、計算時にトリムするので、`CRIM`配列はトリムしていないことに注意してください。データを両側から刈り込みたい場合には`trimboth()`を、片側からの場合には`trim1()`を使います。いずれの場合も、パラメータに制限値ではなく、割合を渡します。例えば、`proportiontocut=0.2`を指定すると、左端と右端の値を20％ずつ取り除きます。

```
In [59]: %matplotlib notebook
         import matplotlib.pyplot as plt
         CRIM_TRIMMED = stats.trimboth(CRIM, 0.2)
         fig, (ax1, ax2) = plt.subplots(1,2 , figsize =(10,2))
         axs = [ax1, ax2]
         df = [CRIM, CRIM_TRIMMED]
         list_methods = ['Before Trim', 'After Trim']
         for n in range(0, len(axs)):
             axs[n].hist(df[n], bins = 'auto')
             axs[n].set_title('{}'.format(list_methods[n]))
```

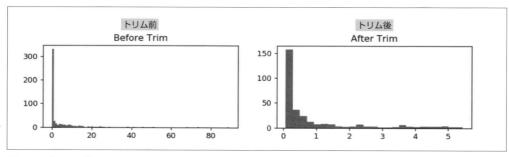

図3-8 データを刈り込むことで外れ値の影響を排除できる

両端からそれぞれ値の20％を取り除くと、残りの分布の様子が向上し、値のほとんどが0と1.5の間にあることがはっきりと伺えます。極端な値が際立っているため、ゼロの周りに線が1本見えるだけなので、左側のヒストグラムを見ただけでこの知見を得るのは困難です。このため、`trim`系の関数は探索的データ分析で非常に役立ちます。次節では、ボックスプロットという、データの記述分析と外れ値の検出に有用で人気の高い可視化手法を取り上げます。

3.7　ボックスプロット

探索的データ分析におけるもう1つの重要な可視化手法として、ボックスプロット、別名箱ひげ図があります。最小値、第1四分位数、中央値、第3四分位数、最大値の5つの値に基づいたプロットです。標準的なボックスプロットでは、これらの値は以下のように表されます。

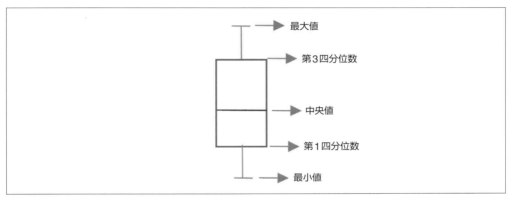

図3-9　ボックスプロットの見方

ボックスプロットは、複数の分布を比較する場合にとても便利な方法です。通常、ボックスプロットのひげは極端な値まで伸びています。しかし、データによっては、極端な値を四分位範囲（第3四分位数と第1四分位数の差）の1.5倍で切断することもできます[*1]。では、ボストン市の住宅価格データセットの特徴のうちCRIMとRMを調べてみましょう。

```
In [60]: %matplotlib notebook
         import matplotlib.pyplot as plt from scipy import stats
         samples = dataset.data
         fig, (ax1,ax2) = plt.subplots(1,2, figsize =(8,3))
         axs = [ax1, ax2]
         list_features = ['CRIM', 'RM']
         ax1.boxplot(stats.trimboth(samples[:,0:1],0.2))
         ax1.set_title('{}'.format(list_features[0]))
         ax2.boxplot(stats.trimboth(samples[:,5:6],0.2))
         ax2.set_title('{}'.format(list_features[1]))
```

[*1]　訳注：matplotlib.pyplot.boxplotのデフォルト設定では、ひげは四分位範囲の1.5倍で切断され、それより外側のデータは個々の点としてプロットされます。ひげとしてプロットする範囲はパラメータwhisで指定できます。

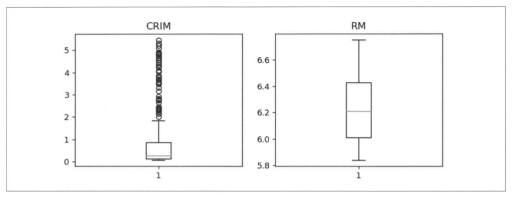

図3-10 CRIMとRMのボックスプロット

　RMの値は最小値と最大値の間で連続的に滑らかに分布しているので、ひげは1本の線で表示されています。また、中央値が第1四分位数と第3四分位数のほぼ中間点に位置することが容易に読み取れます。一方、CRIMの値は、極端な値が最小値から連続的に滑らかに分布しておらず、独立した個々の外れ値があり、円で表示されています。これらの外れ値は、そのほとんどが第3四分位数の後にあり、中央値は第1四分位数の非常に近くにあることがわかります。このことから、分布が右に歪んでいることも結論付けられます。要するに、ボックスプロットは、非常に便利にヒストグラムの代わりになります。分布の解析が容易で、複数の分布を一度に比較できるからです。次節では、引き続き2変量解析を行い、ラベルデータと特徴の相関を見ていきます。

3.8　相関を計算する

　本節は、2変量解析に特化し、2列の解析を行います。そのような場合には、一般にその2変数の関係を調べますが、その関係を**相関**と呼びます。相関は、2変数の間の関係を表し、変数Bが10％増加したら変数Aはどうなるか、というような質問に答えを出すものです。本節では、相関の計算の仕方をボストン市の住宅価格データセットを用いて説明し、得られた相関を2次元の散布図で表します。

　一般に、相関とは、統計的などんな依存性をも意味します。相関係数とは、相関の指標を計算する定量的な値のことです。相関と相関係数の関係は、湿度計と湿度の関係と似ていると捉えることができます。最もよく使われる相関係数の1つに、ピアソンの相関係数があります。相関係数の値の範囲は+1から−1までで、ここで-1は2変数間の強い負の線形関係、+1は2変数間の強い正の線形関係があることを示します。NumPyではcorrcoef()メソッドを用いて、相関行列を計算できます。

```
In [61]: np.set_printoptions(suppress= True, linewidth = 125)
         CorrelationCoef_Matrix = np.round(np.corrcoef(samples, rowvar = False), decimals = 1)
         CorrelationCoef_Matrix
```

```
Out[61]: array([[ 1. , -0.2,  0.4, -0.1,  0.4, -0.2,  0.4, -0.4,  0.6,  0.6,  0.3, -0.4,  0.5],
                [-0.2,  1. , -0.5, -0. , -0.5,  0.3, -0.6,  0.7, -0.3, -0.3, -0.4,  0.2, -0.4],
                [ 0.4, -0.5,  1. ,  0.1,  0.8, -0.4,  0.6, -0.7,  0.6,  0.7,  0.4, -0.4,  0.6],
                [-0.1, -0. ,  0.1,  1. ,  0.1,  0.1,  0.1, -0.1, -0. , -0. , -0.1,  0. , -0.1],
                [ 0.4, -0.5,  0.8,  0.1,  1. , -0.3,  0.7, -0.8,  0.6,  0.7,  0.2, -0.4,  0.6],
                [-0.2,  0.3, -0.4,  0.1, -0.3,  1. , -0.2,  0.2, -0.2, -0.3, -0.4,  0.1, -0.6],
                [ 0.4, -0.6,  0.6,  0.1,  0.7, -0.2,  1. , -0.7,  0.5,  0.5,  0.3, -0.3,  0.6],
                [-0.4,  0.7, -0.7, -0.1, -0.8,  0.2, -0.7,  1. , -0.5, -0.5, -0.2,  0.3, -0.5],
                [ 0.6, -0.3,  0.6, -0. ,  0.6, -0.2,  0.5, -0.5,  1. ,  0.9,  0.5, -0.4,  0.5],
                [ 0.6, -0.3,  0.7, -0. ,  0.7, -0.3,  0.5, -0.5,  0.9,  1. ,  0.5, -0.4,  0.5],
                [ 0.3, -0.4,  0.4, -0.1,  0.2, -0.4,  0.3, -0.2,  0.5,  0.5,  1. , -0.2,  0.4],
                [-0.4,  0.2, -0.4,  0. , -0.4,  0.1, -0.3,  0.3, -0.4, -0.4, -0.2,  1. , -0.4],
                [ 0.5, -0.4,  0.6, -0.1,  0.6, -0.6,  0.6, -0.5,  0.5,  0.5,  0.4, -0.4,  1. ]])
```

　seabornは、matplotlibをベースにした統計データ可視化ライブラリで、とても美しく魅力的な統計グラフィックスの作成を可能にしてくれます。非常に人気の高いライブラリであり、pandasをはじめとする他の人気パッケージとも完璧な互換性があります。seabornパッケージにあるヒートマップを使うと、相関行列を可視化できます。何百もの特徴があるような場合に、相関の高い係数を検出するのにとても役立ちます。

```
In [62]: CorrelationCoef_Matrix1 = np.round(np.corrcoef(samples, rowvar= False), decimals= 1)
         CorrelationCoef_Matrix1
         import seaborn as sns; sns.set()
         ax = sns.heatmap(CorrelationCoef_Matrix1, cmap= "YlGnBu")
```

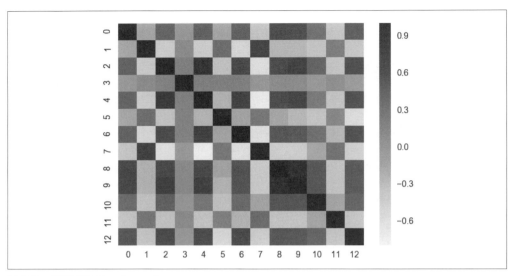

図3-11 相関行列のヒートマップ

　以下の例では、特徴とラベル列の相関係数を求めました。以下の例でラベル列を追加したように、`corrcoef()`関数の2番目の引数に、変数のセットを追加することができます。形状が同じである限り、`corrcoef`関数はこの列を一番後ろにスタックして、相関行列を計算します。

```
In [63]: np.set_printoptions(suppress= True, linewidth= 125)
         CorrelationCoef_Matrix2 = np.round(np.corrcoef(samples, label, rowvar= False), decimals= 2)
         print("     F1     F2     F3     F4     F5     F6     F7     F8     F9     F10    F11    F12    F13")
         print(CorrelationCoef_Matrix2[0:13,13:14].T)

            F1    F2    F3    F4    F5    F6    F7    F8    F9    F10   F11   F12   F13
         [[-0.39  0.36 -0.48  0.18 -0.43  0.7  -0.38  0.25 -0.38 -0.47 -0.51  0.33 -0.74]]
```

　ご覧の通り、F13を除くと、ほとんどの特徴は、弱いか中程度の負の線形関係があります。一方、F6には強い正の線形関係があります。では、この特徴の散布図をプロットして、関係性を見てみましょう。以下のコードブロックでは、`matplotlib`の助けを借りて、特徴 ('RM'、'DIS'、'LSTAT') とラベル列の3つの異なる散布図をプロットしています。

```
In [64]: %matplotlib notebook
         import matplotlib.pyplot as plt
         from scipy import stats
         fig, (ax1, ax2, ax3) = plt.subplots(1,3 ,figsize= (10,4))
         axs =[ax1,ax2,ax3]
         feature_list = [samples[:,5:6], samples[:,7:8],
```

```
            samples[:,12:13]]
feature_names = ["RM", "DIS", "LSTAT"]
for n in range(0, len(feature_list)):
    axs[n].scatter(label, feature_list[n], edgecolors=(0, 0, 0))
    axs[n].set_ylabel(feature_names[n])
    axs[n].set_xlabel('label')
```

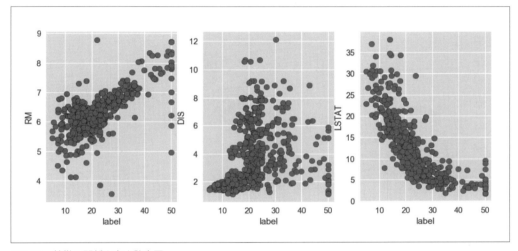

図3-12 特徴の関係を表す散布図

　上のコードでは、RMとラベルの値は正の線形直線状に散らばっており、前出のスクリーンショットに示された0.7という相関係数と合っています。この散布図は、RMの値が高いほど、ラベル値が高いことを示しています。中央の散布図は、相関係数が0.25のケースです。データがあちこちに散らばっているので、明らかな関係はないと結論付けられます。右端の散布図は、相関係数が−0.7の強い線形関係を示しています。LSTATの値の減少につれ、ラベルの値は増加します。上の相関行列と散布図はすべて、トリムしていないデータを使った計算に基づいています。では、各特徴とラベルのデータに両側から10％の刈り込みを施した場合に、データセットの線形関係がどのように変化するか見てみましょう。

```
In [65]: %matplotlib notebook
         import matplotlib.pyplot as plt
         from scipy import stats
         fig, (ax1, ax2, ax3) = plt.subplots(1,3 ,figsize= (9,4))
         axs = [ax1, ax2, ax3]
         RM_tr = stats.trimboth(samples[:,5:6],0.1)
         label_tr = stats.trimboth(label, 0.1)
         LSTAT_tr = stats.trimboth(samples[:,12:13],0.1)
```

```
DIS_tr = stats.trimboth(samples[:,7:8],0.1)
feature_names = ["RM", "DIS", "LSTAT"]
feature_list = [RM_tr, DIS_tr, LSTAT_tr]
for n in range(0, len(feature_list)):
    axs[n].scatter(label_tr,feature_list[n], edgecolors=(0, 0, 0))
    axs[n].set_ylabel(feature_names[n])
    axs[n].set_xlabel('label')
```

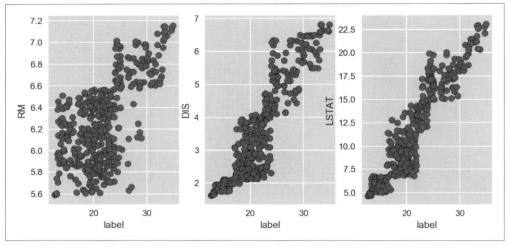

図3-13 トリム後の特徴の関係

　データを刈り込むと、3つの特徴のどれもラベルと強い正の線形相関を示すことがわかります。特に、ラベルが大幅に変化したDISとLSTATでは、顕著に表れています。刈り込みの威力が示されていますね。外れ値の取り扱い方がわかっていないと、簡単にデータの解釈を誤ってしまいます。外れ値は、分布の形や他の変数との相関を変えてしまうことがあり、最終的にモデルの性能にまで影響を及ぼす可能性もあります。

3.9　3章のまとめ

　本章では、探索的データ分析を、NumPy、SciPy、matplotlib、seabornの各パッケージを紹介し、実行しました。最初に、ファイルを読み込んで保存しデータセットを探索する方法を学びました。続いて、重要な統計の中央モーメントである平均値、分数、歪度、尖度などを解説し、例題に沿って計算しました。単変量、および2変量解析の4つの重要な可視化手法、すなわち、ヒストグラム、ボックスプロット、散布図、ヒートマップを使用しました。例題を通して、データの刈り込みの重要性も強調しました。

　次章では、さらに進めて、いよいよ線形回帰を使った住宅価格予測を開始します。

4章
線形回帰を用いて
住宅価格を予測する

本章では、線形回帰を実装して教師あり学習と予測モデリングを紹介します。前章では、探索的分析について学びましたが、まだモデリングについては触れていません。本章では、住宅市場価格を予測する線形回帰モデルを作成します。大まかに言うと、ターゲット変数の予測を、ターゲット変数とそれ以外の変数の関係を利用して行います。線形回帰は、非常に広く使われる手法で、教師あり機械学習アルゴリズムの単純なモデルにもなっています。要するに、観測データに直線を当てはめるのです。まずは、教師あり学習と線形回帰の説明から始めます。続いて、線形回帰の必須概念である、独立変数と従属変数、ハイパーパラメータ、損失関数と誤差関数、確率的勾配降下法について学びます。モデリングには、前章と同じデータセットを使います。

本章では、以下のテーマを取り上げます。

- 教師あり学習と線形回帰
- 独立変数と従属変数
- ハイパーパラメータ
- 損失関数と誤差関数
- 単変量線形回帰のアルゴリズムを実装する
- 確率的勾配法の計算
- 線形回帰を用いた住宅価格のモデリング

4.1　教師あり学習と線形回帰

機械学習は、明示的なプログラミングなしでコンピュータシステムに学習する能力を与えるものです。中でも教師あり学習は、最も一般的な機械学習の種類の1つです。教師あり学習は、学習課題を設定し、それを既知データの入力と出力をマッピングすることで解く、複数のアルゴリズムで構成され

ています。これらのアルゴリズムは、はじめに、入力とその入力に対応する出力を解析し、両者をリンクさせて関係性を見つけます（学習）。そして最後に、その学習を利用して、任意の未知データセットに対する出力を予測します。

　教師ありと教師なし学習の違いを浮き彫りにするために、入出力に基づくモデリングを考えてみましょう。教師あり学習では、コンピュータシステムには、すべての入力データ群のラベルの情報が教師の助言として与えられます。一方、教師なし学習では、ラベルのまったくない入力データが使用されます。

　例として、ネコとイヌの写真が100万枚あるとします。教師あり学習では、入力データにラベルを付けて、与えられた写真がネコなのかイヌなのかを明示します。各写真（入力データ）には20の特徴が付随しているとしましょう。写真にはラベルが付けられているため、コンピュータシステムにはそれがネコなのかイヌなのかがわかります（出力データ）。コンピュータシステムに新しい写真を見せると、それがネコなのかイヌなのかを判断するために、新しい写真の20の特徴を解析して、それまでの学習に基づき予測を立てます。一方、教師なし学習では、ネコかイヌかを示すラベルのない100万枚のネコとイヌの写真があるだけです。アルゴリズムは、教師からの助言なしで、データの特徴を解析してデータのクラスタ分析を行います。クラスタ分析が済むと、教師なし学習アルゴリズムに新しい写真が渡され、コンピュータシステムはその写真がどのクラスタに所属するかを返答します。

　どちらのタイプの学習でも、システムには単純もしくは複雑な決定アルゴリズムが与えられています。唯一の差は、最初に教師の助言が与えられるか否かだけです。以下に、教師あり学習手法の枠組みの概要を示します。

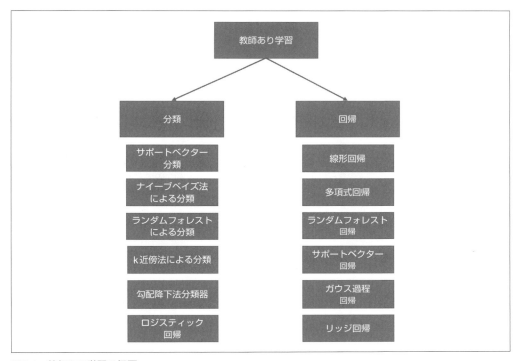

図4-1 教師あり学習の概要

　上の模式図が示すように、教師あり学習は、分類と回帰の2種類に分けられます。分類モデルはラベルを予測します。例えば、前出の例は、教師あり分類問題と捉えることもできます。分類を実行するには、**サポートベクター分類器 (SVC)**、ランダムフォレスト、**k近傍法 (KNN)** などの分類アルゴリズムを訓練する必要があります。一般に、分類は、データを分類（カテゴリ分け）するのに使われるアルゴリズムを指します。

　ターゲット変数がカテゴリデータの場合には分類手法が使われますが、連続的なターゲット変数の場合には、予測したいのはカテゴリではなく数値なので、回帰モデルが適用されます。

　前章で使用した、ボストン市の住宅価格データセットのことを思い出してください。前章での目標は、データの分布、基本統計量、データ間の相関を知るために、データセットの特徴の値を統計的に分析することでした。最終的に知りたいのは、各特徴が住宅価格にどう寄与するかということです。その特徴は価格に正に影響するのか、負に影響するのか、それともまったく影響しないのか？　**特徴 x** と **住宅価格 A** に潜在的な影響（関係）があるとしたら、その関係はどのくらい強い、もしくは弱いのか？

　我々は、こういった質問に答えようと、与えられた特徴に対する住宅価格を予測するモデルを構築します。その結果、構築したモデルに新たな特徴を与えると、出力変数として連続値 (150k、120、$154 など) が生成されることを期待しています。では、非常に基本的なワークフローを眺めてみましょう。

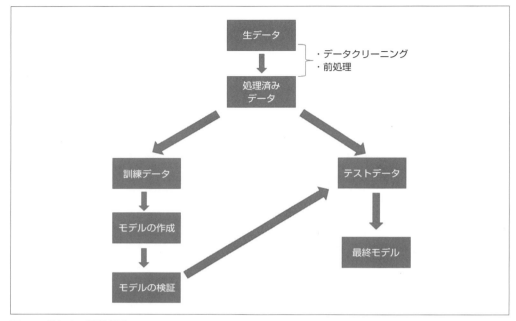

図4-2　教師あり機械学習のワークフロー

　上の模式図の通り、解析ではまず最初にモデルで使用するデータの前処理を行います。この段階では、データをクリーニングし、欠損値の処置を行い、使用する特徴を抜き出します。前処理が済んだら、データを訓練用とテスト用の2つに分割して、モデルの精度の評価に使います。

　モデルの検証では、**オーバーフィット（過剰適合）**という概念が重要になります。オーバーフィットとは、要するに、訓練データを過剰に適合して、ほぼ正確に再現できるほど訓練データに適合しすぎてしまうことです。しかし、未知のデータに対しては、柔軟性に欠けるためによい結果が出せず、訓練による優れた汎化ができません。

　データセットを訓練データ、検証データ（強く推奨します）、テストデータの3つに分割するのは、オーバーフィットを防ぐためです。訓練データは、アルゴリズムが最初にパラメータ（重み）を学習し、誤差を最小にするようなモデルを構築するために使われます。検証データが役立つのは、複数のアルゴリズムがあるためハイパーパラメータを調整する必要があったり、アルゴリズムのパラメータを多数調整する必要がある場合です。テストデータは、精度の評価に使用します。

　まとめると、作成したアルゴリズムを、訓練データで訓練し、検証データでパラメータやアルゴリズムの重みの細かな調整を行い、解析の最終段階では調整済みのアルゴリズムの精度をテストデータを使って検査します。

　オーバーフィットの反対はアンダーフィットで、アルゴリズムがデータから学習することが少ない

ため、アルゴリズムが観測値にうまく適合しないことを意味します。では、オーバーフィット、アンダーフィット、最適な適合をそれぞれ図で確認してみましょう。

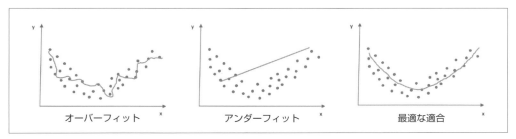

図4-3 適合の種類

　上の図からわかるように、オーバーフィットに陥ったグラフは一見データによく一致しているようですが、得られた回帰曲線はこのデータセットに特化されたもので、特徴を正しく捕らえていません。2番目のグラフはアンダーフィットが起きたもので、データの形をつかんでいません。データを学習できておらず、非線形データに対して線形回帰を行っています。3番目は最適な適合のグラフで、非常によく適合できており、分布の特徴をよく捕らえた曲線が生成されています。このデータセットの残りの部分を使って精度を評価しても、よい指標値が期待できるでしょう。

　本章では、教師あり学習の手法として線形回帰を使います。まず最初に、独立変数、従属変数、ハイパーパラメータ、損失関数、誤差関数などの非常に重要な概念を説明します。続いて、現実的な例題を用いて線形回帰を実践します。次節では、線形回帰モデルの最も重要な構成部分である、独立変数と従属変数を取り上げます。

4.2　独立変数と従属変数

　前節でも述べましたが、線形回帰の目的は、ある変数の値を、他の変数に基づいて予測することです。つまり、入力変数 X と出力変数 Y の関係を知りたいのです。

　線形回帰では、**従属変数**は、予測したい方の変数を指します。従属変数と呼ぶ理由は、線形回帰の背後にある仮定のためです。モデルは、従属変数が、方程式の反対側にある変数、つまり**独立変数**に依存すると仮定します。

　単純な回帰モデルでは、モデルは、従属変数が独立変数によってどのように変化するかを説明します。

　例えば、とある製品の価格の変化が売り上げに及ぼす影響を分析したいとしましょう。この文章を注意深く読めば、この場合の従属変数と独立変数に該当するものが何か、すぐにわかるでしょう。この例では、売り上げの値が価格の変化に影響されると仮定しているので、売り上げは製品の価格に依

存します。つまり、売り上げの値が従属変数で、価格が独立変数なのです。これは必ずしも、任意の製品の価格が他の何にも依存しないことを意味するわけではありません。当然、価格は多数の要因（変数）に依存しますが、この例のモデルでは、価格は与えられていて、与えられた価格が売り上げの値を変化させると仮定します。線形回帰直線の公式は以下の通りです。

$$Y_i = B_0 + B_1 X_i$$

式	説明
Y_i	予測値、つまり従属変数
B_0	切片
B_1	勾配
X_i	独立変数、探索変数

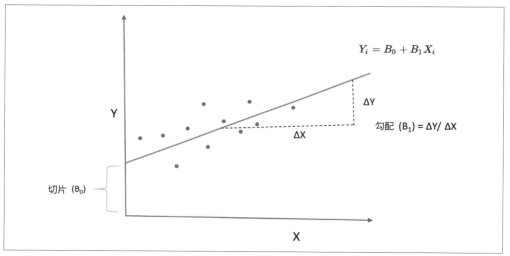

図4-4 線形回帰直線

線形回帰直線の勾配（B_1）は、従属変数と独立変数の関係を表します。例えば、勾配が0.8と求められたとします。これは、独立変数が1単位増加すると、予測値は0.8単位増加しそうだ、という意味です。上の線形回帰直線から生成されるのは、単なる予測値です。つまり、与えられた X から予測される Y の値であるということです。次のグラフからわかるように、各観測値と直線の間には距離があります。この距離のことを**誤差**と呼びます。誤差は予期されるもので、回帰直線の当てはめとモデルの評価に極めて重要です。

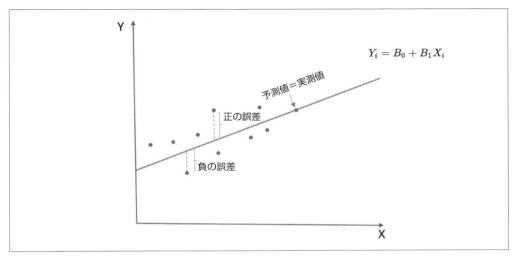

図4-5 線形回帰直線と誤差

　線形回帰直線の当てはめには、**最小二乗法**が最もよく使われます。この手法は、誤差の二乗和が最小になるような回帰直線を当てはめます。最小二乗法の公式は以下の通りです。

$$\sum(y - \hat{y})^2$$

　誤差を二乗する理由は、負の誤差と正の誤差が打ち消し合うのを避けるためです。モデルの評価では、決定係数、F検定、および**二乗平均平方根誤差**（Root Mean Square Error：RMSE）が使われます。いずれの手法も、基本の指標に**総平方和**（Sum of Squares Total：SST）と**残差平方和**（Sum of Squares Error：SSE）を使っています。ご覧の通り、SSEでは、前にもやったように、予測値と実測値の差を計算し、二乗和をとり、回帰直線がデータをどれほどよく当てはめているかを評価します。

　前にも述べたように、最小二乗法は、誤差（残差）の二乗を最小にするような、データ点を最もよく当てはめる勾配と切片の値を求めます。これは閉形式解なので、最小二乗法が裏でやっていることを手計算でも確かめられます。小さなデータセットを使った例を見てみましょう。

牛乳の消費量（週当たりのリットル数）	身長
14	175
20	182
10	170
15	185
12	164
15	173
22	181

牛乳の消費量（週当たりのリットル数）	身長
25	193
12	160
13	165

　上の表のように、週当たりの牛乳の消費量と飲んだ人の身長の観測データが10個あるとします。このデータをプロットすると、週当たりの牛乳の消費量と身長には正の相関があることがわかります。

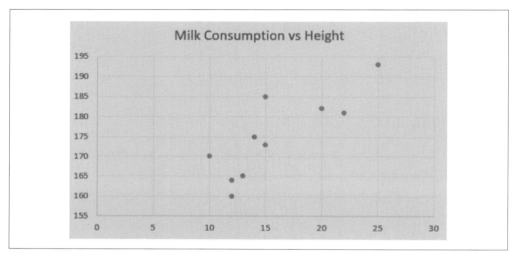

図4-6　牛乳の消費量と身長の関係

　次に、最小二乗法を使って線形回帰直線を当てはめてみます。以下の公式を用いて勾配と切片を求めましょう。

$$B_0 = \frac{\sum y \sum x^2 - \sum x \sum xy}{n \sum x^2 - (\sum x)^2}$$

$$B_1 = \frac{n \sum xy - \sum x \sum y}{n \sum x^2 - (\sum x)^2}$$

　まず、x、y、xy、x^2、y^2の値を計算します。計算した値は以下のような表に記入しておくと便利です。

	x（牛乳の消費量）	y（身長）	xy	x^2	y^2
1	14	175	2,450	196	30,625
2	20	182	3,640	400	33,124
3	10	170	1,700	100	28,900
4	15	185	2,775	225	34,225
5	12	164	1,968	144	26,896
6	15	173	2,595	225	29,929
7	22	181	3,982	484	32,761
8	25	193	4,800	625	37,249
9	12	160	1,920	144	25,600
10	13	165	2,145	169	27,225
総和	158	1,748	27,975	2,712	306,534

$$B_0 = (1748 \times 2712) - (158 \times 27975) \ / \ (10 \times 2712) - (158)^2 = 320526/2156 = 148.66$$
$$B_1 = (10 \times 27975) - (158 \times 1748) \ / \ (10 \times 2712) - (158)^2 = 1.65$$

そうすると、回帰直線が以下のように定式化されます。

$$Y = 148.66 + 1.65X$$

本節では、独立変数と従属変数を取り上げて、線形回帰直線と当てはめの手法を紹介しました。次節では、回帰モデルの調整に非常に有用なハイパーパラメータを取り上げます。

4.3 ハイパーパラメータ

最初に、パラメータではなくハイパーパラメータと呼ぶわけを説明しておきましょう。機械学習では、モデルのパラメータはデータから学習するものです。つまり、モデルを訓練しながら、モデルのパラメータを適合しています。一方、ハイパーパラメータは、モデルの訓練開始前に設定しておくのが普通です。例を挙げると、回帰モデルの係数は、モデルのパラメータと考えることができます。ハイパーパラメータの例としては、多数の異なるモデルの学習速度や、k平均法のクラスタ数（k）などが挙げられます。

また、モデルのパラメータとハイパーパラメータの関係と、両パラメータがどのように機械学習モデルを形作っているか、すなわち、モデルの仮説も重要です。機械学習では、パラメータはモデルの設定に使われ、その設定によりアルゴリズムがモデルを個々のデータセットに適合させるのです。ハイパーパラメータの最適化の仕方は、知っておく必要があります。また、ハイパーパラメータの最適化は、前述したように、検証時にも実行できます。ハイパーパラメータを最適化すると、多くの場合に精度が向上します。

ハイパーパラメータは、他のモデルパラメータよりも上位のパラメータだと解釈することもできます。教師なし学習であるk平均法を使う場合を思い浮かべてください。ハイパーパラメータとして間違ったクラスタ数 (k) を使ってしまうと、データに適切に当てはめることは不可能です。

ここまでくれば、ハイパーパラメータがモデルの訓練前に手動で設定するものなら、どうやって調整したらよいのか疑問に思うはずです。ハイパーパラメータの調整方法はいくつかあります。この最適化の最終的な目標は、アルゴリズムに異なるハイパーパラメータ値の組み合わせを与えてテストを行い、各テストケースで誤差関数もしくは損失関数を計算し、よりよい精度が出せるハイパーパラメータ値の組み合わせを選ぶことです。

本節では、パラメータとハイパーパラメータ、および両者の違いを手短に解説しました。次節では、ハイパーパラメータの最適化に極めて重要な、損失関数と誤差関数に触れます。

4.4　損失関数と誤差関数

これまでの数節では、教師あり学習と教師なし学習の解説をしました。どの機械学習アルゴリズムを使っても、一番の課題となるのは最適化問題です。最適化関数の中で実際に行われているのは、損失関数の最小化です。月々の貯蓄額を最適化したい場合を思い浮かべてください。閉じた状態では、月々の消費、すなわち損失関数を最小にすることでしょう。

損失関数を構築するには、予測値と実際の値の差から始めるのが一般的です。一般に、作成するモデルのパラメータを推定し、続いて予測を行います。予測のよしあしを評価する主な指標を求めるには、以下のように実際の値との差を計算します。

$$L(x) = p - \hat{p}$$

使われる損失関数はモデルにより異なります。例えば、平均二乗誤差は回帰モデルには適していますが、分類モデルの損失関数に使うのはやめた方がよいでしょう。例えば、以下のように平均二乗誤差を計算することができます。

$$\mathrm{MSE} = \frac{1}{N} \sum_{i=1}^{n} (y_i - (\beta_1 x_i + \beta_0))^2$$

ここで回帰モデルは以下の通りです。

$$Y_i = \beta_0 + \beta_1 X_i$$

様々な機械学習モデルで使用できる、多様な損失関数が存在します。中でも重要なものを、簡単な解説と使用方法と共に以下に示します。

損失関数	解説
交差エントロピー	出力が0と1の間の確率である分類モデルに使用される。対数の損失関数であり、対数損失とも呼ぶ。予測される確率が1.0、すなわちパーフェクトモデルに近づくにつれ、交差エントロピー損失は減少する。
平均絶対誤差：MAE（L1）	誤差の平均を計算する。絶対値だけを使うので、大きな誤差の重みを増幅しない。大きな誤差が小さな誤差に比べて許容できる場合に有用。
平均二乗誤差：MSE（L2）	誤差の平方をとる。大きな誤差の重みを増幅する。大きな誤差が望ましくない場合に有用。
ヒンジ損失関数	サポートベクターマシンなどの線形分類モデルで使われる損失関数の1つ。
フーバー損失関数	回帰モデルで使われる損失関数の1つ。MSEに非常によく似ているが、外れ値にそれほど敏感でない。
カルバック・ライブラー情報量	カルバック・ライブラー情報量は、2つの確率分布の差異を計る指標である。カルバック・ライブラー損失関数は、t分布型確率的近傍埋め込みアルゴリズムで多用される。

　機械学習のアルゴリズムでは、損失関数は変数の重みを更新する際に不可欠です。例えば、ニューラルネットワークの訓練にバックプロパゲーションを使うとしましょう。反復のたびに全誤差が計算されます。続いて、全誤差を最小にするように重みが更新されます。損失関数はモデルのパラメータに直接影響するため、正しい損失関数を使用することが機械学習アルゴリズムの精度に直接影響します。次節では、住宅価格データの変数の1つを使って、簡単な線形回帰モデルを試してみます。

4.5　勾配降下法を用いた線形単回帰

　本節では、前章で探索的データ分析に使用したボストン市の住宅価格データセットに、線形単回帰を実装します。回帰直線を当てはめる前に、以下のように必要なライブラリをインポートしてデータセットを読み込みましょう。

```
In [1]: import numpy as np
        import pandas as pd
        import matplotlib.pyplot as plt
        %matplotlib inline
```

```
In [2]: from sklearn.datasets import load_boston
        dataset = load_boston()
        samples , label, feature_names = dataset.data, dataset.target,
        dataset.feature_names
```

```
In [3]: bostondf = pd.DataFrame(dataset.data)
        bostondf.columns = dataset.feature_names
        bostondf['Target Price'] = dataset.target
        bostondf.head()
```

	CRIM	ZN	INDUS	CHAS	NOX	RM	AGE	DIS	RAD	TAX	PTRATIO	B	LSTAT	Target Price
0	0.00632	18.0	2.31	0.0	0.538	6.575	65.2	4.0900	1.0	296.0	15.3	396.90	4.98	24.0
1	0.02731	0.0	7.07	0.0	0.469	6.421	78.9	4.9671	2.0	242.0	17.8	396.90	9.14	21.6
2	0.02729	0.0	7.07	0.0	0.469	7.185	61.1	4.9671	2.0	242.0	17.8	392.83	4.03	34.7
3	0.03237	0.0	2.18	0.0	0.458	6.998	45.8	6.0622	3.0	222.0	18.7	394.63	2.94	33.4
4	0.06905	0.0	2.18	0.0	0.458	7.147	54.2	6.0622	3.0	222.0	18.7	396.90	5.33	36.2

前章ではNumPy配列を使いましたが、ここでは、これもまた便利なデータ構造であるデータフレームの使い方を学ぶため、pandasのデータフレームを使用します。データが数値だけなら、ほとんどの場合、データをNumPy配列に格納してもpandasのデータフレームに格納しても、技術的には違いがありません。では、ターゲット値をデータフレームに追加し、特徴RMとターゲット値の関係を、散布図として見てみましょう。

```
In [4]: import matplotlib.pyplot as plt
        bostondf.plot(x='RM', y='Target Price', style= 'o')
        plt.title('RM vs Target Price')
        plt.ylabel('Target Price')
        plt.show()
```

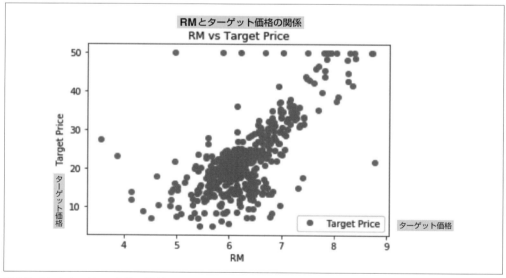

図4-7　RMとターゲット価格の関係

プロットからわかるように、一軒当たりの平均部屋数（RM）と住宅価格には、予想通り正の相関があります。続いて、この関係の大きさを調べ、この関係を使って住宅価格を予測してみましょう。

4.5 勾配降下法を用いた線形単回帰 | **97**

　仮に、線形回帰に関する自分の知識がごく限られている場合を想像してみてください。式には馴染みがあるものの、「誤差関数とは何か」、「なぜ反復する必要があるのか」、「勾配降下とは何か」、「なぜ勾配降下が回帰モデルで使われるのか」、がわかっていないとします。そういう場合に、あなたならどうしますか。予測値の計算を始める前に、おそらく式の係数と切片に何らかの初期値を渡してみるのではないでしょうか。

　予測値をいくつか計算したら、実際の値と比較して、現実からどれだけ離れているかを確認してみるでしょう。次の段階は、係数か切片、もしくは両方の値を変えて、結果が実際の値に近づくのかどうかを試してみることでしょう。この手順は、自然なものに感じられたでしょうか。実は、線形回帰モデルのアルゴリズムは、これと同様の処理をより賢く行っているのです。

　線形回帰モデルの手順をもっとよく理解するために、コードをいくつかのブロックに分けてみます。最初に、回帰直線の結果として予測値を返す関数を作成しましょう。

```
In [5]: def prediction(X, coefficient, intercept):
            return X*coefficient + intercept
```

上の関数は、以下のような線形回帰モデルを計算します。

$$Y_i = \beta_1 X_i + \beta_0$$

次は、損失関数が必要です。これは、反復のたびに計算されます。cost_functionには、平均二乗誤差を使います。これは、予測値と実際の値の差の二乗の総和の平均です。

```
In [6]: def cost_function(X, Y, coefficient, intercept):
            MSE = 0.0
            for i in range(len(X)):
                MSE += (Y[i] - (coefficient*X[i] + intercept))**2
            return MSE / len(X)
```

　最後のコードブロックの役割は、重みの更新です。ここで重みとは、独立変数の係数の重みだけでなく、切片の重みも指します。切片は、バイアスとも呼びます。重みを論理的に更新するには、与えられた関数の最小値を見つけるための、反復最適化アルゴリズムが必要です。この例では、勾配降下法を使って反復ごとに損失関数を最小にします。では、勾配降下法の手順を一歩ずつ追跡してみましょう。

　まず最初に、(切片と係数の) 重みを初期化し、平均二乗誤差を計算する必要があります。続いて、重みを変化させると平均二乗誤差がどう変化するかを調べ、勾配を計算します。

　重みをもっと賢く修正するには、係数と切片をどの向きに変化させればよいかがわかっている必要があります。したがって、重みの修正時に、誤差関数の勾配の計算が必要になります。勾配は、係数と

切片の損失関数の偏微分をとることで計算できます。

　線形単回帰の係数は1つだけです。偏微分を計算したら、アルゴリズムは重みを調整して平均二乗誤差を再計算します。この手順を、重みを変えても平均二乗誤差が減少しなくなるまで反復します。

```
In [7]: def update_weights(X, Y, coefficient, intercept, learning_rate):
            coefficient_derivative = 0
            intercept_derivative = 0
            for i in range(len(X)):
                coefficient_derivative += -2*X[i] * (Y[i] - (coefficient*X[i] + intercept))
                intercept_derivative += -2*(Y[i] - (coefficient*X[i] + intercept))
            coefficient -= (coefficient_derivative / len(X)) * learning_rate
            intercept -= (intercept_derivative / len(X)) * learning_rate
            return coefficient, intercept
```

　上のコードブロックでは、重みを更新し、更新した係数と切片を返す関数を定義しています。この関数のもう1つの重要なパラメータは`learning_rate`（学習率）です。学習率が、変化の大きさを決定します。

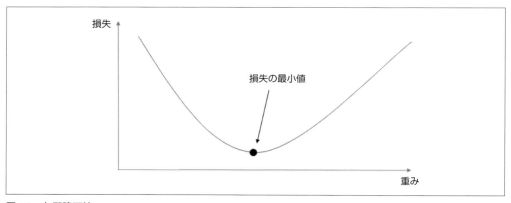

図4-8　勾配降下法

　上のグラフより、損失関数は二乗誤差の和なので、$x = y^2$の形をしていることがわかります。勾配降下法では、グラフで示すように、損失の最小値を見つけようとしており、これは偏微分がゼロに限りなく近くなる点です。前述の通り、アルゴリズムは重みの初期化から始まりますが、これは最小値から離れた点から開始することを意味します。アルゴリズムは反復ごとに重みを更新し、それにより損失が減少していきます。これは、十分な回数だけ反復すれば、最小値に収束することを意味します。学習率が、収束の速さを決めます。

　つまり、学習率が高い場合には、重みを更新すると、ある点から次の点までとても大きくジャンプす

るように見えます。学習率が低い場合には、最小値（損失の望ましい最小値）へゆっくりと接近します。学習率はハイパーパラメータなので、実行する前に設定しておく必要があります。

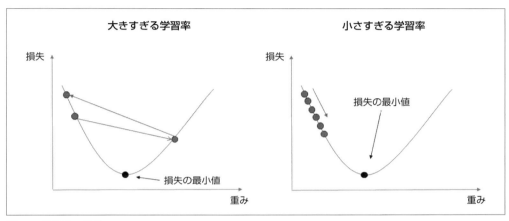

図4-9 学習率の比較

　では、学習率の値は大小どちらに設定すべきでしょうか。大きい学習率を設定すると、アルゴリズムは最小値を飛び越えてしまいます。ジャンプが大きすぎると、アルゴリズムは最小値に収束できないので、最小値を簡単に逃してしまいます。反対に、学習率を小さくしすぎると、収束するまでに多数の反復が必要になるかもしれません。

　部品となるコードブロックがすべて揃ったので、いよいよメイン関数を書いてみましょう。メイン関数は、前述した流れに沿う必要があります。

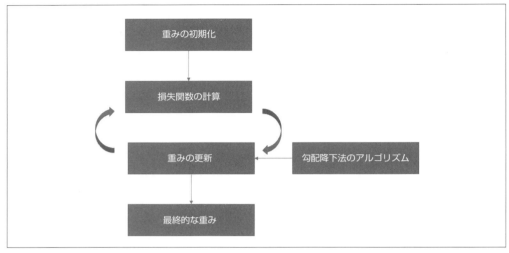

図4-10 メイン関数の流れ

すると、メイン関数のコードブロックは以下のようになります。

```
In [8]: def train(X, Y, coefficient, intercept, LearningRate, iteration):
            cost_hist = []
            for i in range(iteration):
                coefficient, intercept = update_weights(X, Y, coefficient, intercept, learning_rate)
                cost = cost_function(X, Y, coefficient, intercept)
                cost_hist.append(cost)
            return coefficient, intercept, cost_hist
```

これですべてのコードブロックの定義が完了したので、単変量モデルを実行する準備が整いました。train()関数を実行する前に、ハイパーパラメータと、係数と切片の初期値を設定しておく必要があります。以下のように、変数を作成し、値を設定し、変数を関数のパラメータとして与えます。

```
In [9]: learning_rate = 0.01
        iteration = 10001
        coefficient = 0.3
        intercept = 2
        X = bostondf.iloc[:, 5:6].values
        Y = bostondf.iloc[:, 13:14].values

        coefficient, intercept, cost_history = train(X, Y, coefficient, intercept,
            learning_rate, iteration)
```

もしくは、関数を呼び出す際に、これらの値をキーワード引数として渡すこともできます。

4.5 勾配降下法を用いた線形単回帰 | **101**

```
coefficient, intercept, cost_history = train(X, Y, coefficient, intercept = 2, learning_rate =
0.01, iteration = 10001)
```

上で定義したメイン関数は、切片と係数の最終値が格納された2つの配列を返します。さらにメイン
関数は、各反復の結果である損失値、すなわち平均二乗誤差のリストも返します。このリストは、各
反復における損失の変化を追うのにとても役立ちます。

```
In [10]: coefficient
Out[10]: array([8.57526661])

In [11]: intercept
Out[11]: array([-31.31931428])

In [12]: cost_history
         array([54.18545801]),
         array([54.18036786]),
         array([54.17528017]),
         array([54.17019493]),
         array([54.16511212]),
         array([54.16003177]),
         array([54.15495385]),
         array([54.14987838]),
         array([54.14480535]),
         array([54.13973476]),
         array([54.13466661]),
         array([54.12960089]),
         array([54.12453761]),
         array([54.11947677]),
         array([54.11441836]),
         array([54.10936238]),
         array([54.10430883]),
         ...]
```

係数の値からわかるように、RMが1単位増加すると、住宅価格は約\$8,757増加します。では、回帰
の式に計算した切片と係数を代入して、予測値を求めましょう。続いて、線形回帰直線をプロットして、
データにどれくらい適合しているかを見てみましょう。

```
In [13]: y_hat = X*coefficient + intercept
         plt.plot(X, Y, 'bo')
         plt.plot(X, y_hat)
         plt.show()
```

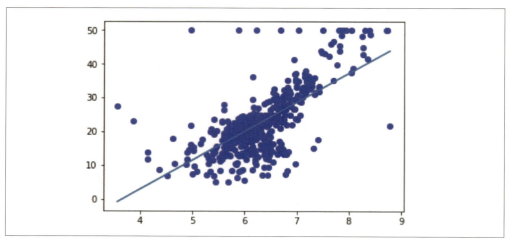

図 4-11 住宅価格データと線形回帰直線

　本節では、1つの変数を選び、単変量モデルを適用しました。次の2節では、モデルに独立変数を追加して、多変量線形回帰モデルを実行します。つまり、最適な適合を得るために最適化する係数が、複数ある場合です。

4.6　線形回帰を用いた住宅価格のモデリング

　本節では、これまでと同じデータセットを用いて、多変量線形回帰を行います。前節とは違い、本節ではsklearnライブラリを用いて、線形回帰モデルを作成する複数の方法を紹介します。線形回帰モデルの作成を開始する前に、trimboth()メソッドを使ってデータセットを両側から同じ割合で刈り込みし、外れ値を除去しておきます。

```
In [14]: import numpy as np
         import pandas as pd
         from scipy import stats
         from sklearn.linear_model import LinearRegression

In [15]: from sklearn.datasets import load_boston
         dataset = load_boston()

In [16]: samples , label, feature_names = dataset.data, dataset.target, dataset.feature_names
```

4.6 線形回帰を用いた住宅価格のモデリング | **103**

```
In [17]: samples_trim = stats.trimboth(samples, 0.1)
         label_trim = stats.trimboth(label, 0.1)

In [18]: print(samples.shape)
         print(label.shape)
         (506, 13)
         (506,)

In [19]: print(samples_trim.shape)
         print(label_trim.shape)
         (406, 13)
         (406,)
```

上のコードブロックからわかるように、データを左右10％ずつ刈り込みしたので、各属性とラベル列のデータサンプルのサイズは506から406に減少しました。

```
In [20]: from sklearn.model_selection import train_test_split
         samples_train, samples_test, label_train, label_test = \
         train_test_split(samples_trim, label_trim, test_size= 0.2, random_state =0)

In [21]: print(samples_train.shape)
         print(samples_test.shape)
         print(label_train.shape)
         print(label_test.shape)
Out[21]: (324, 13)
         (82, 13)
         (324,)
         (82,)

In [22]: regressor = LinearRegression()
         regressor.fit(samples_train, label_train)
Out[22]: LinearRegression(copy_X=True, fit_intercept=True, n_jobs=1, normalize=False)

In [23]: regressor.coef_
Out[23]: array([ 2.12924665e-01, 9.16706914e-02, 1.04316071e-01,
                -3.18634008e-14, 5.34177385e+00, -7.81823481e-02, 1.91366342e-02,
                2.81852916e-01, 3.19533878e-04, -4.24007416e-03, 1.94206366e-01,
                3.96802252e-02, 3.81858253e-01]

In [24]: regressor.intercept_
Out[24]: -6.899291747292615
```

続いて、train_test_split()関数を使って、データセットを訓練データと検証データに分割します。この手法は、機械学習における常套手段です。データを2つの塊に分けて、まずモデルを訓練して（モデルに学習させて）から、残りのデータを使って検証するわけです。この手法を使う理由は、モデルを検証する際にバイアスを減らすためです。各係数は、サンプルを1単位増加させると、ターゲット値がどれだけ変化すると予測されるかを表しています。

```
In [25]: label_pred = regressor.predict(samples_test)

In [26]: plt.scatter(label_test, label_pred)
         plt.xlabel("Prices")
         plt.ylabel("Predicted Prices")
         plt.title("Prices vs Predicted Prices")
         plt.axis("equal")
Out[26]: (11.770143369175626, 34.22985663082437, 10.865962968036989, 34.20549738482051)
```

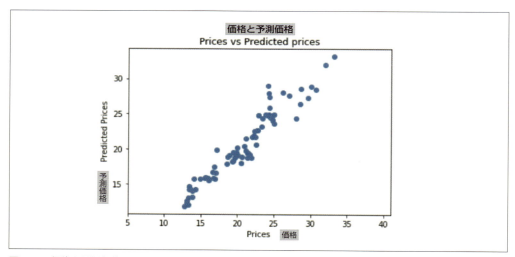

図4-12　価格と予測価格

では、上のコードブロックのモデルを試してみましょう。このモデルをあるデータセットに対して実行するには、predict()メソッドを使います。predict()メソッドは、与えられたデータセットをこのモデルで実行し、結果を返します。理想的な予測は、分布点が直線$x = y$、すなわち角度が45度の線形直線上に乗ることです。これは完璧な、1対1対応の予測です。我々の予測は完璧とは言えませんが、散布図を見る限り、そんなに悪くないと言えるでしょう。モデルの精度の重要な2つの評価指標を、以下のように調べることができます。

```
In [27]: from sklearn.metrics import mean_squared_error
         from sklearn.metrics import r2_score
         mse = mean_squared_error(label_test, label_pred)
         r2 = r2_score(label_test, label_pred)
         print(mse)
         print(r2)
         2.032691267250478
         0.9154474686142619
```

　1つ目の評価指標は平均二乗誤差です。モデルに独立変数を追加していくと、この値が大きく減少することに気付いたかもしれませんね。2つ目の評価指標は決定係数 (R^2)、すなわち回帰スコアです。決定係数は、従属変数の偏差のうち独立変数によって説明される比率を表現するものです。このモデルにおける値は0.91ですが、住宅価格の偏差の91％がこのモデルの13個の特徴で説明できることを示しています。ご覧の通り、scikit-learnには線形回帰用の便利な組み込み関数が多数用意されており、モデルの構築の高速化を図ってくれます。一方、NumPyだけを使って、独自の線形回帰モデルを構築することも簡単にできます。この場合、アルゴリズムの各部分を制御できるので、モデルの柔軟性が高まるかもしれません。

4.7　4章のまとめ

　線形回帰は、連続値の関係をモデル化するのに最もよく使われる手法の1つです。この手法を応用したものは、産業界で非常に広範囲に渡って使われています。本書のモデリング部分を線形回帰で始めたのは、人気が高いからだけではなく、技術が比較的簡単で、ほとんどの機械学習アルゴリズムを構成する要素のほぼすべてが含まれているからです。

　本章では、教師あり学習と教師なし学習について学び、ボストン市の住宅価格データセットを使って線形回帰モデルを構築しました。ハイパーパラメータ、損失関数、勾配降下法などの重要な概念に触れました。本章の一番の役割は、線形回帰モデルを構築して調整し、さらに手順の一歩一歩を理解するために十分な知識を提供することでした。単変量と多変量線形回帰を使用する2つの実践的な例を検討しました。また、線形回帰でNumPyとscikit-learnを使うという経験もしました。本章で学習したことをまた別のデータセットを使って練習し、ハイパーパラメータを変えると結果がどのように変化するかを調べてみることを強くお勧めします。

　次章では、クラスタ分析の手法を学び、卸売業者のデータセットを例として演習を行います。

5章
NumPyで卸売業者の顧客を
クラスタ分析する

NumPyを活用するスキルは、様々な事例での実際の使われ方を目にすることで、確実に前進します。本章では、これまでに見てきたものとは異なる種類の解析を紹介します。クラスタ分析は教師なし学習の手法の1つで、データセットのいろいろなつながり方を理解し、把握するために使われます。学習アルゴリズムを助言してくれるラベルがないため、多くの場合、可視化が物を言います。このため、様々な可視化手法も紹介していきます。

本章では、以下のテーマを取り上げます。

- 教師なし学習とクラスタ分析
- ハイパーパラメータ
- 単純なアルゴリズムを拡張して卸売業者の顧客のクラスタリングを行う

5.1　教師なし学習とクラスタ分析

はじめに、教師あり学習を、例を挙げてざっと復習してみましょう。機械学習アルゴリズムを訓練している場合、ラベルを提供することで、学習の様子を観測し、指揮することができます。では、次のようなデータセットについて考えてみます。各行に各顧客、各列に異なる特徴、例えば**年齢**、**性別**、**年収**、**業種**、**在籍年数**および**居住する市**などを含むデータです。以下の表をご覧ください。

年齢	性別	年収	業種	在籍年数	都市
35	M	60,000	IT	12	KRK
23	F	90,000	販売	3	WAW
18	M	12,000	学生	1	KRK
42	F	128,000	医師	13	KRK
34	M	63,000	管理職	8	WAW
56	M	82,000	教師	30	WAW

このデータセットを対象として、いろいろな分析が考えられます。例えば、離脱しそうな顧客を予測する、チャーン分析と呼ばれる分析も可能です。そのためには、以下の表のように、各顧客に履歴に基づいたラベル付けをして、残った顧客と去った顧客がわかるようにします。

35	M	60,000	IT	12	KRK	0	ラベル
23	F	90,000	販売	3	WAW	1	ラベル
18	M	12,000	学生	1	KRK	0	ラベル
42	F	128,000	医師	13	KRK	1	ラベル
34	M	63,000	管理職	8	WAW	1	ラベル
56	M	82,000	教師	30	WAW		ラベル

37	M	95,000	デザイナー	12	KRK		?

アルゴリズムは、顧客の特性をラベルに基づいて学習します。アルゴリズムは、去った、もしくは残った顧客の特性を学習し、新たな顧客をこれらの特徴に基づいて採点したい場合に、学習に基づいた予測を行います。これを**教師あり学習**と呼びます。

このデータセットに、次のような質問をすることもできます。すべての顧客をグループ分けし、同じグループ内の顧客同士は類似度が高いが、別のグループに所属する顧客とは類似度が低くなるようにすると、いくつのグループに分けられるでしょうか？ k平均法などのよく使われるクラスタ分析のアルゴリズムは、そのような質問の解答を見つけるのを手助けしてくれます。例えば、k平均法が一旦顧客を異なるクラスタに振り分けると、あるクラスタは30才未満で**IT**関連の職業に就いている顧客、別のクラスタは60才以上で職種が**教師**である顧客でほぼ占められるようになったりします。この分析を行うのに、データセットにラベルを付ける必要はありません。アルゴリズムは、レコードを見るだけで、レコード間の類似性を見つけ出せるのです。このタイプの学習は、助言を受けないので、**教師なし学習**と呼びます。

このタイプの分析を行う際には、最初にデータセットを可視化すると、分析に役立ちます。では、用

5.1 教師なし学習とクラスタ分析 | **109**

意されているデータセットを使って、処理とワークフローの構築を始めてみましょう。以下のコード片
は、3次元データセットをplotlyというツールで可視化する方法を示しています。plotlyは、探索的
分析のための多様な対話的グラフが描けるライブラリで、データ探索をサポートしてくれます。

まずは、以下のコード片で必要なライブラリをインストールしましょう。

```
In [1]: # Installing necessary libraries with pip    pipを用いて必要なライブラリをインストールする
        !pip install plotly --user
        !pip install cufflinks --user
```

続いて、以下のコードで、必要なライブラリをインポートします。

```
In [2]: # Necessary imports    必要なライブラリをインポートする
        import os
        import sys
        import numpy as np
        import pandas
        import matplotlib.pyplot as plt
        %matplotlib inline
        import plotly.plotly as py
        from plotly.offline import download_plotlyjs, init_notebook_mode, plot, iplot
        import cufflinks as cf
        import plotly.graph_objs as go

        init_notebook_mode(connected=True)
        sys.path.append("".join([os.environ["HOME"]]))
```

以下のように、sklearn.datasetsモジュールのirisデータセットを使います。

```
In [3]: from sklearn.datasets import load_iris
        iris_data = load_iris()
```

irisのデータには、以下の4つの特徴があります。

```
In [4]: iris_data.feature_names
```

```
Out[4]: ['sepal length (cm)',
         'sepal width (cm)',
         'petal length (cm)',
         'petal width (cm)']
```

まずは、以下に示す最初の2つの特徴を見てみましょう。

```
In [5]: x = [v[0] for v in iris_data.data]
        y = [v[1] for v in iris_data.data]
```

以下の手順で、まずはtraceを作成し、次にデータと図を作成しましょう。

```
In [6]: trace = go.Scatter(
            x = x,
            y = y,
            mode = 'markers'
        )

        layout= go.Layout(
            title= 'Iris Dataset',
            hovermode= 'closest',
            xaxis= dict(
                title= 'sepal length (cm)',
                ticklen= 5,
                zeroline= False,
                gridwidth= 2,
            ),
            yaxis=dict(
                title= 'sepal width (cm)',
                ticklen= 5,
                gridwidth= 2,
            ),
            showlegend= False
        )

        data = [trace]

        fig= go.Figure(data=data, layout=layout)
        plot(fig)
```

すると、**図5-1**のような出力が得られます。

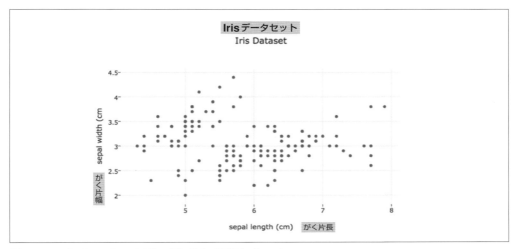

図5-1 Irisデータセットのがく片の幅と長さの関係をプロット

他の変数を次々に眺めていってもよいのですが、scatterplotのマトリクスを使えば、1枚の図表で特徴同士の関係をよりよく理解することができます。plotlyと併用できるpandas.DataFrameを作成すると、この場合には一層便利になります。

```
In [7]: import pandas as pd
        df = pd.DataFrame(iris_data.data,
        columns=['sepal length (cm)',
                 'sepal width (cm)',
                 'petal length (cm)',
                 'petal width (cm)'])

        df['class'] = [iris_data.target_names[i] for i in iris_data.target]

In [8]: df.head()
```

	sepal length (cm)	sepal width (cm)	petal length (cm)	petal width (cm)	class
0	5.1	3.5	1.4	0.2	setosa
1	4.9	3.0	1.4	0.2	setosa
2	4.7	3.2	1.3	0.2	setosa
3	4.6	3.1	1.5	0.2	setosa
4	5.0	3.6	1.4	0.2	setosa

データ可視化プラットフォームであるplotlyを使うと、以下の手順で散布図行列をプロットできます。

```
In [9]: import plotly.figure_factory as ff

        fig = ff.create_scatterplotmatrix(df, index='class', diag='histogram', size=10,
            height=800, width=800)

        plot(fig)
```

これだけで、以下に示す図が作成できます。

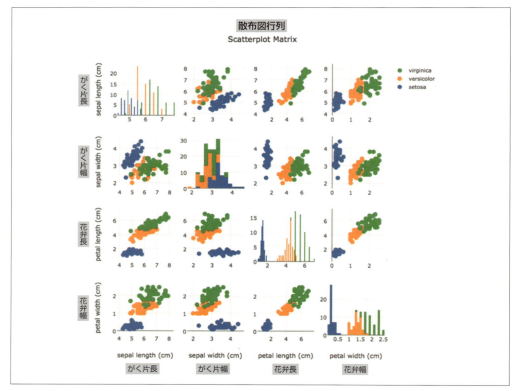

図5-2　Irisデータセットの散布図行列

ざっと見た感じからすると、**花弁長**（petal length）、**花弁幅**（petal width）、および**がく片長**（sepal length）あたりが、モデル化候補としてよさそうです。以下のコードで3次元グラフを作成してこのデータセットをさらによく調べてみましょう。

5.1 教師なし学習とクラスタ分析 | 113

```
In [10]: # Creating data for the plotly    plotly用のデータを作成する
         trace1 = go.Scatter3d(
             # Extracting data based on label    ラベルに基づきデータを抽出
             x=[x[0][0] for x in zip(iris_data.data, iris_data.target) if x[1] == 0],
             y=[x[0][2] for x in zip(iris_data.data, iris_data.target) if x[1] == 0],
             z=[x[0][3] for x in zip(iris_data.data, iris_data.target) if x[1] == 0],
             mode='markers',
             marker=dict(
                 size=12,
                 line=dict(
                     color='rgba(217, 217, 217, 0.14)',
                     width=0.5
                 ),
                 opacity=0.8
             )
         )

         trace2 = go.Scatter3d(
             # Extracting data based on label    ラベルに基づきデータを抽出
             x=[x[0][0] for x in zip(iris_data.data, iris_data.target) if x[1] == 1],
             y=[x[0][2] for x in zip(iris_data.data, iris_data.target) if x[1] == 1],
             z=[x[0][3] for x in zip(iris_data.data, iris_data.target) if x[1] == 1],
             mode='markers',
             marker=dict(
                 color='rgb(#3742fa)',
                 size=12,
                 symbol='circle',
                 line=dict(
                     color='rgb(204, 204, 204)',
                     width=1
                 ),
                 opacity=0.9
             )
         )

         trace3 = go.Scatter3d(
             # Extracting data based on label    ラベルに基づきデータを抽出
             x=[x[0][0] for x in zip(iris_data.data, iris_data.target) if x[1] == 2],
             y=[x[0][2] for x in zip(iris_data.data, iris_data.target) if x[1] == 2],
             z=[x[0][3] for x in zip(iris_data.data, iris_data.target) if x[1] == 2],
             mode='markers',
             marker=dict(
```

```python
            color='rgb(#ff4757)',
            size=12,
            symbol='circle',
            line=dict(
                color='rgb(104, 74, 114)',
                width=1
            ),
            opacity=0.9
        )
    )


data = [trace1, trace2, trace3]

# Layout settings   レイアウトの設定
layout = go.Layout(
    scene = dict(
        xaxis = dict(
            title= 'sepal length (cm)'),
        yaxis = dict(
            title= 'petal length (cm)'),
        zaxis = dict(
            title= 'petal width (cm)'),),
)


fig = go.Figure(data=data, layout=layout)
plot(fig)
```

図5-3のような対話的プロットが作成できます。

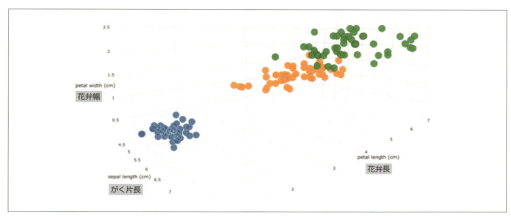

図5-3 花弁長、花弁幅、がく片長の対話的プロット

このグラフを用いれば、データの理解が深まり、モデル化の準備ができます。

5.2　ハイパーパラメータ

ハイパーパラメータは、モデルの様々な特性、例えば複雑さ、訓練の動作、学習速度などを決定する上位パラメータと考えることができます。訓練の開始前に設定されている必要があるため、モデルのパラメータとは必然的に性質が異なります。

例えば、k平均法やk近傍法のkは、アルゴリズムのハイパーパラメータです。k平均法のkは、見つけるクラスタの数を表し、k近傍法のkは、予測に使用する最近傍のレコード数を表します。

ハイパーパラメータの調整は、どの機械学習プロジェクトにおいても、予測精度の向上のための最重要なステップの1つになります。調整の手法には、グリッドサーチ、ランダムサーチ、ベイズ最適化など様々なものがありますが、これらは本章の範疇を超えてしまいます。

では、scikit-learnライブラリのk平均法アルゴリズムのパラメータを、以下のコードで確認してみましょう。

```
In [11]: from sklearn.cluster import KMeans

In [12]: KMeans?
         Init signature: KMeans(n_clusters=8, init='k-means++', n_init=10, max_iter=300,
             tol=0.0001, precompute_distances='auto', verbose=0, random_state=None,
             copy_x=True, n_jobs=None, algorithm='auto')
         Docstring:
         K-Means clustering   k平均法クラスタリング

         Read more in the :ref:`User Guide <k_means>`.
```

```
Parameters    パラメータ
----------

n_clusters : int, optional, default: 8    整数型、任意パラメータ、デフォルト値：8
    The number of clusters to form as well as the number of    形成するクラスタの数および
    centroids to generate.                                      生成するクラスタ重心の数

init : {'k-means++', 'random' or an ndarray}    'k-means++'、'random'もしくはNumPy配列
    Method for initialization, defaults to 'k-means++':
                                            初期化手法、デフォルトは'k-means++'


    'k-means++' : selects initial cluster centers for k-mean

    clustering in a smart way to speed up convergence. See section
    Notes in k_init for more details.    k平均法のクラスタ重心の初期値を高速に収束するように
                                         賢く選択する。詳細は k_initのNotesの節を参照。
    'random': choose k observations (rows) at random from data for
    the initial centroids.        重心の初期値にランダムにk個の観測値（列）をデータから選ぶ

    If an ndarray is passed, it should be of shape (n_clusters, n_features)
    and gives the initial centers.    NumPy配列を渡す場合は形状が(n_clusters, n_features)
                                      で、重心の初期値を与えるものであること。
n_init : int, default: 10    整数型、デフォルト値：10
    Number of time the k-means algorithm will be run with different
    centroid seeds. The final results will be the best output of
    n_init consecutive runs in terms of inertia.
        k平均法アルゴリズムを異なる重心のシードを用いた初期値で実行する回数。最終結果
        は、n_init回の連続して実行したうちクラスタ内の誤差二乗和を最小にするものの出力。
max_iter : int, default: 300    整数型、デフォルト値：300
    Maximum number of iterations of the k-means algorithm for a
    single run.                k平均法アルゴリズムの1回の実行における最大反復回数。

tol : float, default: 1e-4    浮動小数点数型、デフォルト値：1e-4
    Relative tolerance with regards to inertia to declare convergence
                    収束を判定するための、誤差二乗和の観点から見た相対的な許容誤差
```

　ご覧の通り、調整できるパラメータがたくさんあります。とりあえず、アルゴリズムの関数のシグネ
チャに目を通し、用意されているオプションを、アルゴリズムの実行前に確認しておくべきでしょう。

　では、いくつかのパラメータを実際に調整してみましょう。基本のモデルは、ほぼデフォルトの設定
のままで、以下のようにサンプルデータを扱うことができます。

```
In [13]: from sklearn.datasets.samples_generator import make_blobs
         X, y = make_blobs(n_samples=20, centers=3, n_features=3, random_state=42)

In [14]: k_means = KMeans(n_clusters=3)
         y_hat = k_means.fit_predict(X)
```

y_hatはクラスタのメンバーシップ情報を保持していて、この情報は元のラベルと同じであることが以下よりわかります。

```
In [15]: y_hat
Out[15]: array([0, 2, 1, 1, 1, 0, 2, 0, 0, 0, 2, 0, 1, 2, 1, 2, 2, 1, 0, 1], dtype=int32)

In [16]: y
Out[16]: array([0, 2, 1, 1, 1, 0, 2, 0, 0, 0, 2, 0, 1, 2, 1, 2, 2, 1, 0, 1])
```

いろいろなオプションを調整してみることで、それらが訓練と予測にどのような影響を及ぼすかがわかってきます。

5.3　損失関数

損失関数は、予測精度の指標である誤差を計ることで、訓練中にアルゴリズムがモデルのパラメータを更新するのをサポートします。通常、損失関数は以下のように表されます。

$$L(w) = p - \hat{p}$$

ここでLは予測値と実際の値の差を計ります。この誤差は訓練の過程で最小化されます。アルゴリズムによって、使用する損失関数は異なり、反復回数は収束条件に依存します。

例えば、k平均法の損失関数は、以下のようにある点と最も近いクラスタの平均の間の距離の二乗を最小化します。

$$L = \sum_{k=1}^{K} \sum_{i=1}^{n} ||x_i - \mu_k||^2$$

次節では、詳細な実装を紹介します。

5.4　k平均法アルゴリズムを単一変数用に実装する

では、k平均法のアルゴリズムを単一変数用に実装してみましょう。まずは、以下のように、20個のレコードを持つ1次元ベクトルを用意します。

```
In [17]: data = [1,2,3,2,1,3,9,8,11,12,10,11,14,25,26,24,30,22,24,27]

         trace1 = go.Scatter(
             x=data,
             y=[0 for num in data],
             mode='markers',
             name='Data',
             marker=dict(
                 size=12
             )
         )

         layout = go.Layout(
             title='1D vector',
         )
         traces = [trace1]

         fig = go.Figure(data=traces, layout=layout)

         plot(fig)
```

このコードから**図5-4**のプロットが出力されます。

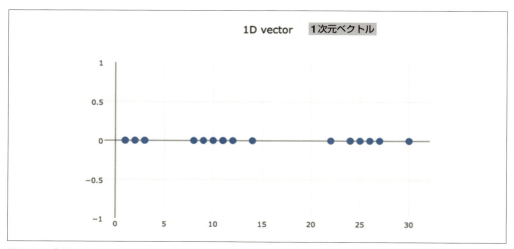

図5-4　1次元ベクトル

　我々の目的は、データ中に見える3個のクラスタを見つけることです。k平均法のアルゴリズムを実装するには、まず以下のように、ランダムなインデックスを選んでクラスタの重心を初期化する必要が

5.4 k平均法アルゴリズムを単一変数用に実装する | **119**

あります。

```
In [18]: n_clusters = 3

         c_centers = np.random.choice(data, n_clusters)

         print(c_centers)

Out[18]: [ 1 22 26]
```

続いて、各点とクラスタの重心の間の距離を計算する必要があります。これには以下のコードを使用します。

```
In [19]: deltas = np.array([np.abs(point - c_centers) for point in X])
         deltas
Out[19]: array([[ 7, 26, 10],
                [ 6, 25,  9],
                [ 5, 24,  8],
                [ 6, 25,  9],
                [ 7, 26, 10],
                [ 5, 24,  8],
                [ 1, 18,  2],
                [ 0, 19,  3]
                [ 3, 16,  0],
                [ 4, 15,  1],
                [ 2, 17,  1],
                [ 3, 16,  0],
                [ 6, 13,  3],
                [17,  2, 14],
                [18,  1, 15],
                [16,  3, 13],
                [22,  3, 19],
                [14,  5, 11],
                [16,  3, 13],
                [19,  0, 16]])
```

これで、以下のコードを用いてクラスタのメンバーシップが計算できます。

```
In [20]: deltas.argmin(1)
Out[20]: array([0, 0, 0, 0, 0, 0, 0, 0, 2, 2, 2, 2, 2, 1, 1, 1, 1, 1, 1, 1])
```

次に、レコードとクラスタの重心の間の距離を、以下のコードを用いて計算します。

```
In [21]: c_centers = np.array([X[np.where(deltas.argmin(1) == i)[0]].mean() for i in range(3)])
         print(c_centers)
Out[21]: [ 3.625      25.42857143 11.6       ]
```

これで1回分の反復になります。改善が見られなくなるまで、新たなクラスタの重心の計算を続けることができます。

これらの機能をラップする関数は、以下のように作成できます。

```
In [23]: def Kmeans_1D(X, n_clusters, random_seed=442):

             # Randomly choose random indexes as cluster centers
             rng = np.random.RandomState(random_seed)
             i = rng.permutation(X.shape[0])[:n_clusters]
             c_centers = X[i]

             # Calculate distances between each point and cluster centers
             deltas = np.array([np.abs(point - c_centers) for point in X])

             # Get labels for each point
             labels = deltas.argmin(1)
             while True:
                 # Calculate mean of each cluster
                 new_c_centers = np.array([X[np.where(deltas.argmin(1) == i)[0]].mean() for i in
                     range(n_clusters)])

                 # Calculate distances again
                 deltas = np.array([np.abs(point - new_c_centers) for point in X])

                 # Get new labels for each point
                 labels = deltas.argmin(1)

                 # If there's no change in centers, exit
                 if np.all(c_centers == new_c_centers):
                     break
                 c_centers = new_c_centers

             return c_centers, labels

In [24]: c_centers, labels = Kmeans_1D(X, 3)
```

ランダムなインデックスをクラスタの重心として無作為に選ぶ

各点とクラスタの重心の間の距離を計算する

各点のラベルを取得する

各クラスタの平均を計算する

距離を再計算する

各点の新しいラベルを取得する

重心に変更がなければ終了する

5.4 k平均法アルゴリズムを単一変数用に実装する | **121**

```
In [25]: print(c_centers, labels)
Out[25]: [11.16666667 25.42857143 2.85714286] [2 2 2 2 2 2 0 0 0 0 0 0 0 1 1 1 1 1 1 1]
```

では、以下のコードを使って、クラスタの重心のグラフを描いてみましょう。

```
In [26]: trace1 = go.Scatter(
             x=data,
             y=[0 for num in data],
             mode='markers',
             name='Data',
             marker=dict(
                 size=12
             )
         )

         trace2 = go.Scatter(
             x = c_centers,
             y = [0 for num in data],
             mode='markers',
             name = 'Cluster centers',
             marker = dict(
                 size=12,
                 color = ('rgb(122, 296, 167)'))
         )

         layout = go.Layout(
             title='1D vector',
         )
         traces = [trace1, trace2]

         fig = go.Figure(data=traces, layout=layout)

         plot(fig)
```

上のコードの出力結果を**図5-5**に示します。

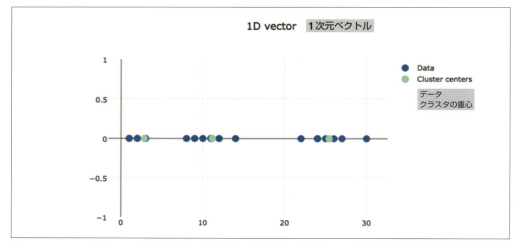

図5-5 1次元ベクトルのクラスタの重心

　各要素がいずれかのクラスタの重心に割り当てられることがはっきりとわかりますね。

5.5　アルゴリズムの修正

　k平均法の単変数に対する動作の仕方がわかったところで、この実装を多変量に拡張し、より現実的なデータセットに適用してみましょう。

　本節で使用するデータセットは、**UCI Machine Learning Repository**（https://archive.ics.uci.edu/ml/datasets/wholesale%2Bcustomers）のもので、卸売業者の顧客情報を含んでいます。8つの特徴を持つ440人の顧客のデータです。以下のリストのうち、最初の6つの特徴は対応する商品の年間支出に関係し、7番目の特徴はこの商品の購入経路を、8番目の特徴は地域を表します。

- FRESH（生鮮食料品）
- MILK（牛乳）
- GROCERY（食料品）
- FROZEN（冷凍食品）
- DETERGENTS_PAPER（洗剤と紙類）
- DELICATESSEN（惣菜）
- CHANNEL（流通経路）
- REGION（地域）

　まずは、データセットをダウンロードしてNumPy配列に読み込みましょう。

5.5 アルゴリズムの修正 | **123**

```
In [27]: from numpy import genfromtxt
         wholesales_data = genfromtxt('Wholesale customers data.csv',
         delimiter=',', skip_header=1)
```

データをざっと眺めてみましょう。以下の通りです。

```
In [28]: print(wholesales_data[:5])
Out[28]: [[2.0000e+00 3.0000e+00 1.2669e+04 9.6560e+03 7.5610e+03 2.1400e+02
           2.6740e+03 1.3380e+03]
          [2.0000e+00 3.0000e+00 7.0570e+03 9.8100e+03 9.5680e+03 1.7620e+03
           3.2930e+03 1.7760e+03]
          [2.0000e+00 3.0000e+00 6.3530e+03 8.8080e+03 7.6840e+03 2.4050e+03
           3.5160e+03 7.8440e+03]
          [1.0000e+00 3.0000e+00 1.3265e+04 1.1960e+03 4.2210e+03 6.4040e+03
           5.0700e+02 1.7880e+03]
          [2.0000e+00 3.0000e+00 2.2615e+04 5.4100e+03 7.1980e+03 3.9150e+03
           1.7770e+03 5.1850e+03]]
```

以下のようにshapeを確認すると、行数と変数の数がわかります。

```
In [29]: wholesales_data.shape
Out[29]: (440, 8)
```

このデータセットには440個のレコードとそれぞれに8個の特徴があります。

この段階で、データセットを正規化しておくとよいでしょう。以下のコードでできます。

```
In [30]: wholesales_data_norm = wholesales_data / np.linalg.norm(wholesales_data)
```

```
In [31]: print(wholesales_data_norm[:5])
Out[31]: [[ 1.          0.          0.30168043  1.06571214  0.32995207 -0.46657183
            0.50678671  0.2638102 ]
          [ 1.          0.         -0.1048095   1.09293385  0.56599336  0.08392603
            0.67567015  0.5740085 ]
          [ 1.          0.         -0.15580183  0.91581599  0.34441798  0.3125889
            0.73651183  4.87145892]
          [ 0.          0.          0.34485007 -0.42971408 -0.06286202  1.73470839
           -0.08444172  0.58250708]
          [ 1.          0.          1.02209184  0.3151708   0.28726     0.84957326
            0.26205579  2.98831445]]
```

データセットは以下のコードを使ってpandas.DataFrameにすることができます。

124 | 5章　NumPyで卸売業者の顧客をクラスタ分析する

```
In [32]: import pandas as pd
         df = pd.DataFrame(wholesales_data_norm,
                           columns=['Channel',
                                    'Region',
                                    'Fresh',
                                    'Milk',
                                    'Grocery',
                                    'Frozen',
                                    'Detergents_Paper',
                                    'Delicassen'])
```

```
In [33]: df.head(10)
```

	流通経路	地域	生鮮食料品	牛乳	食料品	冷凍食品	洗剤と紙類	惣菜
	Channel	Region	Fresh	Milk	Grocery	Frozen	Detergents_Paper	Delicassen
0	1.0	0.0	0.301680	1.065712	0.329952	-0.466572	0.506787	0.263810
1	1.0	0.0	-0.104810	1.092934	0.565993	0.083926	0.675670	0.574008
2	1.0	0.0	-0.155802	0.915816	0.344418	0.312589	0.736512	4.871459
3	0.0	0.0	0.344850	-0.429714	-0.062862	1.734708	-0.084442	0.582507
4	1.0	0.0	1.022092	0.315171	0.287260	0.849573	0.262056	2.988314
5	1.0	0.0	0.065841	0.818772	0.043574	-0.305832	0.266967	0.343839
6	1.0	0.0	0.262350	-0.075655	0.261033	-0.371977	0.633927	-0.297805
7	1.0	0.0	-0.067000	0.234920	0.549293	0.050853	0.683309	1.133499
8	0.0	0.0	-0.184050	0.003712	0.168945	-0.391536	0.245413	-0.152620
9	1.0	0.0	-0.180936	1.319722	1.661286	-0.130512	1.803015	0.802054

　データセットをより詳細に眺めるために、散布図行列を作成してみましょう。以下のコードをご覧ください。

```
In [34]: fig = ff.create_scatterplotmatrix(df, diag='histogram', size=7,
         height=1200, width=1200)
         plot(fig)
```

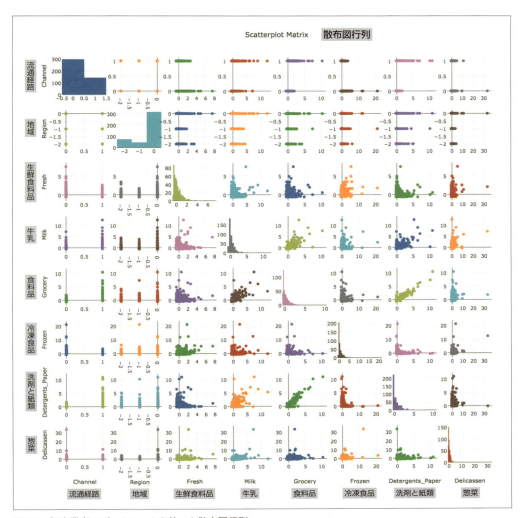

図 5-6 卸売業者のデータセットを使った散布図行列

　特徴間の相関を、以下のコマンドを実行して調べることができます。このコマンドを実行すると、相関係数の表が得られます。

```
In [35]: df.corr()
```

		Channel	Region	Fresh	Milk	Grocery	Frozen	Detergents_Paper	Delicassen
流通経路	Channel	1.000000	0.062028	-0.169172	0.460720	0.608792	-0.202046	0.636026	0.056011
地域	Region	0.062028	1.000000	0.055287	0.032288	0.007696	-0.021044	-0.001483	0.045212
生鮮食料品	Fresh	-0.169172	0.055287	1.000000	0.100510	-0.011854	0.345881	-0.101953	0.244690
牛乳	Milk	0.460720	0.032288	0.100510	1.000000	0.728335	0.123994	0.661816	0.406368
食料品	Grocery	0.608792	0.007696	-0.011854	0.728335	1.000000	-0.040193	0.924641	0.205497
冷凍食品	Frozen	-0.202046	-0.021044	0.345881	0.123994	-0.040193	1.000000	-0.131525	0.390947
洗剤と紙類	Detergents_Paper	0.636026	-0.001483	-0.101953	0.661816	0.924641	-0.131525	1.000000	0.069291
惣菜	Delicassen	0.056011	0.045212	0.244690	0.406368	0.205497	0.390947	0.069291	1.000000

この表を元に、seabornのヒートマップを以下のように表示することもできます。

```
In [36]: import seaborn as sns; sns.set()
```

```
In [37]: ax = sns.heatmap(df.corr(), annot=True)
```

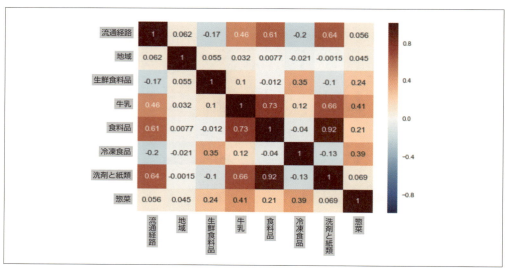

図5-7　特徴の相関

特定の特徴の間、例えばGroceryとDetergents_Paperの間に強い相関があることがわかります。

次の3つの特徴、すなわちGrocery、Detergents_Paper、およびMilkを、以下のコードを使ってプロットしてみましょう。

```
In [38]: # Creating data for the plotly    plotly用のデータを作成する
         trace1 = go.Scatter(
```

```python
# Extracting data based on label    ラベルに基づきデータを抽出
x=df[df['labels'] == 0]['Grocery'],
y=df[df['labels'] == 0]['Detergents_Paper'],
mode='markers',
name='clust_1',
marker=dict(
    size=12,
    line=dict(
        color='rgba(217, 217, 217, 0.14)',
        width=0.5
    ),
    opacity=0.8
)
)


# Layout settings    レイアウトの設定
layout = go.Layout(
    scene = dict(
        xaxis = dict(
            title= 'Grocery'),
        yaxis = dict(
            title= 'Detergents_Paper'),
    )
)

data = [trace1]

fig = go.Figure(data=data, layout=layout)

plot(fig)
```

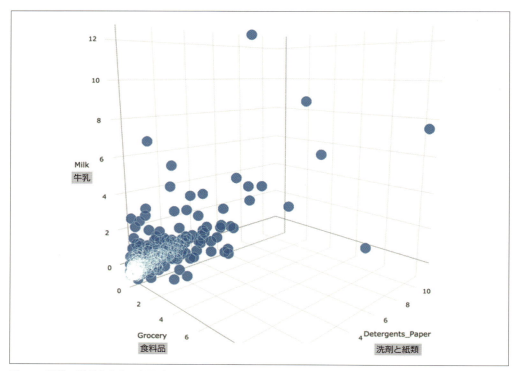

図5-8 特徴の関係を表す3次元プロット

では続いて、前節で実装したk平均法のアルゴリズムを、多次元に拡張してみましょう。はじめに、ChannelとRegionを以下のように設定してデータセットから除去します。

In [39]: df = df[[col for col in df.columns if col not in ['Channel', 'Region']]]

In [40]: df.head(10)

	生鮮食料品		牛乳	食料品	冷凍食品	洗剤と紙類	惣菜
	Fresh		Milk	Grocery	Frozen	Detergents_Paper	Delicassen
0	0.301680		1.065712	0.329952	-0.466572	0.506787	0.263810
1	-0.104810		1.092934	0.565993	0.083926	0.675670	0.574008
2	-0.155802		0.915816	0.344418	0.312589	0.736512	4.871459
3	0.344850		-0.429714	-0.062862	1.734708	-0.084442	0.582507
4	1.022092		0.315171	0.287260	0.849573	0.262056	2.988314
5	0.065841		0.818772	0.043574	-0.305832	0.266967	0.343839
6	0.262350		-0.075655	0.261033	-0.371977	0.633927	-0.297805
7	-0.067000		0.234920	0.549293	0.050853	0.683309	1.133499
8	-0.184050		0.003712	0.168945	-0.391536	0.245413	-0.152620
9	-0.180936		1.319722	1.661286	-0.130512	1.803015	0.802054

　実装に関しては、`np.linalg.norm`を使って距離を計算することができますが、どんな種類の距離関数を使うかは実際のところあなたの使い道次第です。他にも、以下で使った`scipy.spatial`の`distance.euclidean`を使う手もあります。

```
In [41]: def Kmeans_nD(X, n_clusters, random_seed=442):

            # Randomly choose random indexes as cluster centers
            rng = np.random.RandomState(random_seed)
            i = rng.permutation(X.shape[0])[:n_clusters]
            c_centers = X[i]

            # Calculate distances between each point and cluster centers
            deltas = np.array([[np.linalg.norm(i - c) for c in c_centers] for i in X])

            # Get labels for each point
            labels = deltas.argmin(1)

            while True:

                # Calculate mean of each cluster
                new_c_centers = np.array([X[np.where(deltas.argmin(1) == i)[0]].mean(axis=0)
            for i in range(n_clusters)])

                # Calculate distances again
                deltas = np.array([[np.linalg.norm(i - c) for c in new_c_centers] for i in X])

                # Get new labels for each point
                labels = deltas.argmin(1)
```

130 | 5章 NumPyで卸売業者の顧客をクラスタ分析する

```
            # If there's no change in centers, exit    重心に変更がなければ終了する
            if np.array_equal(c_centers, new_c_centers):
                break
            c_centers = new_c_centers

        return c_centers, labels
```

GroceryとDetergents_Paperをクラスタリングに使用し、kの値は3に設定することにします。
通常は、kの値を決定するのに、目で確認するか、以下のようにエルボー法を用います。

```
In [42]: centers, labels = Kmeans_nD(df[['Grocery', 'Detergents_Paper']].values, 3)
```

ここで、以下の手順を用いて、データセットに列を1つ追加してみましょう。

```
In [43]: df['labels'] = labels
```

結果は、以下のコードでまず可視化して、明らかにおかしいかどうかをチェックすることができます。

```
In [44]: # Creating data for the plotly        plotly用にデータを作成する
         trace1 = go.Scatter(
             # Extracting data based on label    ラベルに基づきデータを抽出する
             x=df[df['labels'] == 0]['Grocery'],
             y=df[df['labels'] == 0]['Detergents_Paper'],
             mode='markers',
             name='clust_1',
             marker=dict(
                 size=12,
                 line=dict(
                     color='rgba(217, 217, 217, 0.14)',
                     width=0.5
                 ),
                 opacity=0.8
             )
         )

         trace2 = go.Scatter(
             # Extracting data based on label    ラベルに基づきデータを抽出する
             x=df[df['labels'] == 1]['Grocery'],
             y=df[df['labels'] == 1]['Detergents_Paper'],
             mode='markers',
             name='clust_2',
             marker=dict(
                 color='rgb(#3742fa)',
```

```python
            size=12,
            symbol='circle',
            line=dict(
                color='rgb(204, 204, 204)',
                width=1
            ),
            opacity=0.9
        )
    )


trace3 = go.Scatter(
    # Extracting data based on label   ラベルに基づきデータを抽出する
    x=df[df['labels'] == 2]['Grocery'],
    y=df[df['labels'] == 2]['Detergents_Paper'],
    mode='markers',
    name='clust_3',
    marker=dict(
        color='rgb(#ff4757)',
        size=12,
        symbol='circle',
        line=dict(
            color='rgb(104, 74, 114)',
            width=1
        ),
        opacity=0.9
    )
)


data = [trace1, trace2, trace3]

# Layout settings
layout = go.Layout(
    scene = dict(
        xaxis = dict(
            title= 'Grocery'),
        yaxis = dict(
            title= 'Detergents_Paper'),
    )
)
```

```
fig = go.Figure(data=data, layout=layout)
plot(fig)
```

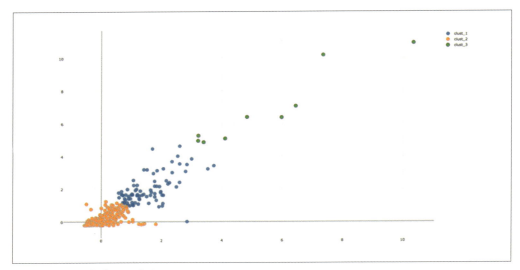

図5-9 クラスタをプロットする

　この図のクラスタは、ざっと見たところ妥当なように思えますが、最終的には、その道の専門家がサポートする解釈によります。

　クラスタごとの各特徴の平均支出は、以下のコードで簡単にわかります。

```
In [45]: df.groupby('labels').mean()
```

	生鮮食料品 Fresh	牛乳 Milk	食料品 Grocery	冷凍食品 Frozen	洗剤と紙類 Detergents_Paper	惣菜 Delicassen
ラベル labels						
0	-0.070577	1.316079	1.558293	0.037966	1.963503	0.665974
1	0.320582	0.026393	-0.036936	0.671540	0.068682	0.302569
2	0.635915	5.588699	5.432275	0.560929	6.780301	1.526479

　これだけの単純なクラスタリングで、3番目のクラスタにMilk、Grocery、Detergents_Paperの支出が最も高い人々が含まれることがわかります。2番目のクラスタには支出が低い人々が含まれ、1番目のクラスタはMilk、Grocery、Detergents_Paperの支出が多い傾向にあります。したがって、k=2にしてもよいかもしれません。

5.6 5章のまとめ

本章では、教師なし学習の基本を学習し、k平均法を用いてクラスタ分析を行いました。

クラスタ分析のアルゴリズムには、挙動の異なるものが多数存在します。教師なし学習のアルゴリズムを用いる際には、可視化が物を言います。本章ではデータセットを可視化し点検するための異なる手法をいくつか紹介しました。

次章では、NumPyとよく併用されるSciPy、pandas、scikit-learnなどのライブラリについて学びます。これらは皆、機械学習を行う人の道具箱となる重要なライブラリであり、相互に補完し合っています。それぞれのライブラリは特定の作業をやりやすくする切れの良い小道具なので、NumPyと一緒に使うことになるでしょう。Pythonのデータサイエンススタックに関する知識を一層深めることが大事なのは、このためです。

6章
NumPyとSciPy、pandas、scikit-learnを併用する

　ここまで読み進めれば、NumPyを使って短いプログラムを書くことができるでしょう。他のどの章でも、NumPy以外のライブラリを使った例も紹介するようにしていますが、本章では一歩下がって、様々なプロジェクトでNumPyと併用できる、NumPyを取り巻くライブラリを大まかに見ます。

　本章では、Pythonの他のライブラリでNumPyを補足する方法を、以下の3つの切り口で紹介していきます。

- NumPyとSciPy
- NumPyとpandas
- SciPyとscikit-learn

6.1　NumPyとSciPy

　前章までにNumPyの使用例を多数紹介してきましたが、SciPyの例はわずかでした。NumPyには配列データ型があるため、ソートや形状変換などの多岐に渡る配列操作が可能です。

　NumPyには、ノルム、固有値、固有ベクトルなどを計算するタスクに使える数値アルゴリズムがいくつか装備されています。しかし、数値アルゴリズムにこだわる必要がある場合には、なるべくSciPyを使う方がよいでしょう。SciPyには、より包括的で、かつ最新のアルゴリズムが用意されているからです。SciPyには特定の解析に特化された便利なサブパッケージがたくさんあります。

　以下に、SciPyのサブパッケージの一覧を示します。

パッケージ名	機能
cluster	クラスタ分析のアルゴリズムを含むサブパッケージ。vqとhierarchyの2つのサブモジュールがある。vqモジュールにはk平均法クラスタリングの関数、hierarchyモジュールには階層的クラスタリングの関数が用意されている。
fftpack	高速フーリエ変換の関数、および微分演算子と擬微分演算子を含むパッケージ。
interpolate	単変量補間と多変量補間の関数、すなわち1次元と2次元のスプライン関数を含むサブパッケージ。
linalg	線形代数の関数やアルゴリズム、例えば行列演算や行列関数、固有値と固有ベクトルの計算、行列の分解、行列方程式のソルバ、特殊行列などが用意されたサブパッケージ。
ndimage	多次元画像処理の関数やアルゴリズム、例えばフィルタ、補間、測定、モルフォロジーなどを含むサブパッケージ。
optimize	関数ローカルおよび関数グローバルな最適化、関数のフィッティング、求根、線形計画法の関数とアルゴリズムを含むサブパッケージ。
signal	信号処理の関数とアルゴリズム、例えばコンボリューション、*b*スプライン、フィルタ処理、連続および離散線形時間システム、波形、ウェーブレット、スペクトル解析などを含む。
stats	連続、多変量、離散分布などの確率分布、および平均値、モード、分散、歪度、尖度、相関係数などを求める統計関数を含むサブパッケージ。

　ではさっそく、サブパッケージの活躍を見てみましょう。以下のコードでは、クラスタ分析に使われるclusterパッケージを使います。

```
# Scipy.cluster
In [1]: %matplotlib inline
        import matplotlib.pyplot as plt

        # Import ndimage to read the image     ndimageをインポートして画像を読み込む
        from scipy import ndimage

                                        clusterをインポートしてクラスタ分析アルゴリズムを用意
        # Import cluster for clustering algorithms
        from scipy import cluster

In [2]: # Read the image     画像を読み込む
        image = matplotlib.pyplot.imread("cluster_test_image.jpg")

In [3]: # Image is 1000x1000 pixels and it has 3 channels.     画像は1000×1000ピクセルで3チャネル
        image.shape
Out[3]: (1000, 1000, 3)

In [4]: image
```

出力結果は以下の通りです。

```
Out[4]: array([[[30, 30, 30],
```

```
        [16, 16, 16],
        [14, 14, 14],
        ...,
        [14, 14, 14],
        [16, 16, 16],
        [29, 29, 29]],

       [[13, 13, 13],
        [ 0,  0,  0],
        [ 0,  0,  0],
        ...,
        [ 0,  0,  0],
        [ 0,  0,  0],
        [12, 12, 12]],

       [[16, 16, 16],
        [ 3,  3,  3],
        [ 1,  1,  1],
        ...,
        [ 0,  0,  0],
        [ 2,  2,  2],
        [16, 16, 16]],

        ...,

       [[17, 17, 17],
        [ 3,  3,  3],
        [ 1,  1,  1],
        ...,
        [34, 26, 39],
        [27, 21, 33],
        [59, 55, 69]],

       [[15, 15, 15],
        [ 2,  2,  2],
        [ 0,  0,  0],
        ...,
        [37, 31, 43],
        [34, 28, 42],
        [60, 56, 71]],
```

```
          [[33, 33, 33],
           [20, 20, 20],
           [17, 17, 17],
           ...,
           [55, 49, 63],
           [47, 43, 57],
           [65, 61, 76]]], dtype=uint8)
```

次のコードを実行すると図6-1の画像が表示されます。

```
In [5]: plt.figure(figsize = (15,8))
        plt.imshow(image)
```

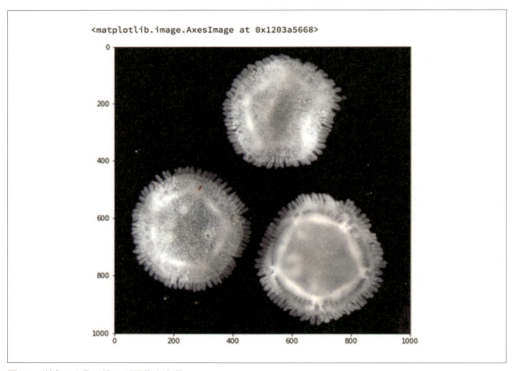

図6-1　外部から取り込んだ画像を表示

以下のコードを使うと、配列が2次元データに変換されます。

```
In [6]: x, y, z = image.shape
        image_2d = image.reshape(x*y, z).astype(float)
        image_2d.shape
Out[6]: (1000000, 3)


In [7]: image_2d
Out[7]: array([[30., 30., 30.],
               [16., 16., 16.],
               [14., 14., 14.],
               ...,
               [55., 49., 63.],
               [47., 43., 57.],
               [65., 61., 76.]])


In [8]: # kmeans will return cluster centers and the distortion  kmeans はクラスタの重心と歪みを返す
        cluster_centers, distortion = cluster.vq.kmeans(image_2d, k_or_guess=2)


In [9]: print(cluster_centers, distortion)
Out[9]: [[179.28653454 179.30176248 179.44142117]
         [  3.75308484   3.83491111   4.49236356]] 26.87835069294931


In [10]: image_2d_labeled = image_2d.copy()


In [11]: labels = []

         from scipy.spatial.distance import euclidean
         import numpy as np

         for i in range(image_2d.shape[0]):
             distances = [euclidean(image_2d[i], center) for center in cluster_centers]
             labels.append(np.argmin(distances))


In [12]: plt.figure(figsize = (15,8))
         plt.imshow(cluster_centers[labels].reshape(x, y, z))
```

以下の図が出力されます。

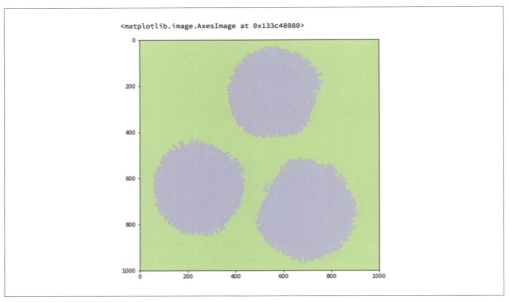

図6-2 図6-1の画像の各点のRGB値を2つのクラスタに分割した結果

6.1.1 SciPyとNumPyで行う線形回帰

線形回帰アルゴリズムのコードをNumPyを使って一から書く方法はすでに紹介しました。scipy.statsモジュールのlinregress関数は、傾き、切片、相関係数（r値）、両側p値、推定の標準誤差などを以下のように計算します。

```
In [13]: from sklearn import datasets
         %matplotlib inline
         import matplotlib.pyplot as plt

         # Boston House Prices dataset   ボストン市住宅価格データセット
         boston = datasets.load_boston()
         x = boston.data
         y = boston.target

In [14]: boston.feature_names
Out[14]: array(['CRIM', 'ZN', 'INDUS', 'CHAS', 'NOX', 'RM', 'AGE', 'DIS', 'RAD',
                'TAX', 'PTRATIO', 'B', 'LSTAT'], dtype='<U7')

In [15]: x.shape
Out[15]: (506, 13)
```

```
In [16]: y.shape
Out[16]: (506,)
```

```
In [17]: # We will consider "lower status of population" as independent variable for its importance
         lstat = x[0:,-1]        "lower status of population"の重要性からここでは独立変数として扱う
```

```
In [18]: lstat.shape
Out[18]: (506,)
```

```
In [19]: from scipy import stats

         slope, intercept, r_value, p_value, std_err = stats.linregress(lstat, y)
```

```
In [20]: print(slope, intercept, r_value, p_value, std_err)
```

```
Out[20]: -0.9500493537579909 34.55384087938311 -0.737662726174015
         5.081103394387796e-88 0.03873341621263942
```

```
In [21]: print("r-squared:", r_value**2)
Out[21]: r-squared: 0.5441462975864798
```

```
In [22]: plt.plot(lstat, y, 'o', label='original data')
         plt.plot(lstat, intercept + slope*lstat, 'r', label='fitted line')
         plt.legend()
         plt.show()
```

以下のプロットが出力されます。

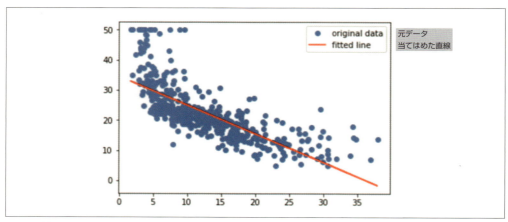

図6-3 低所得層の割合と住宅価格の関係

また、**平均の部屋数**と住宅価格との関係も調べられます。以下のコードブロックは、性能の指標を表示します。

```
In [23]: rm = x[0:,5]

In [24]: slope, intercept, r_value, p_value, std_err = stats.linregress(rm, y)

         print(slope, intercept, r_value, p_value, std_err)

         print("r-squared:", r_value**2)

Out[24]: 9.102108981180308 -34.670620776438554 0.6953599470715394
         2.48722887100781e-74 0.4190265601213402
         r-squared: 0.483525455991334
```

以下のコードブロックは、当てはめた直線をプロットします。

```
In [25]: plt.plot(rm, y, 'o', label='original data')
         plt.plot(rm, intercept + slope*rm, 'r', label='fitted line')
         plt.legend()
         plt.show()
```

以下のプロットが出力されます。

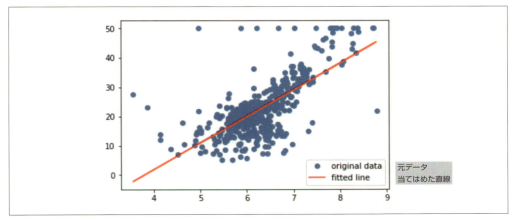

図6-4　平均部屋数と住宅価格の関係

6.2　NumPyとpandas

　NumPyはかなり低レベルな配列操作ライブラリで、他のPythonライブラリの大多数はNumPyを基盤として構築されています。

　そういったライブラリの1つに、pandasという高レベルなデータ操作ライブラリがあります。通常、データセットを探索する際には、記述統計量の計算、特定の特徴ごとのグループ化、結合といった操作を実行します。pandasのライブラリには、このような有用な操作を実行してくれる使いやすい関数が多数用意されているのです。

　糖尿病患者のデータセットを例に取り上げてみましょう。sklearn.datasetsにある糖尿病患者のデータセットは、平均が0になるように、かつ単位L2ノルムにより標準化されています。

　このデータセットは、442個のレコードと、年齢、性別、ボディマス指数（BMI）、平均血圧、血清検査の6つの測定値、の計10個の特徴で構成されます。

　ターゲットは、これらのベースラインの測定後の疾患の進行を表しています。データの解説はhttps://www4.stat.ncsu.edu/%7Eboos/var.select/diabetes.htmlに、関連論文はhttps://web.stanford.edu/~hastie/Papers/LARS/LeastAngle=2002.pdfにあります。

　では、以下の操作を始めてみましょう。

```
In [26]: import pandas as pd
         from sklearn import datasets

         %matplotlib inline
         import matplotlib.pyplot as plt
         import seaborn as sns
```

```
diabetes = datasets.load_diabetes()

df = pd.DataFrame(diabetes.data, columns=diabetes.feature_names)
```

```
In [27]: diabetes.feature_names
Out[27]: ['age', 'sex', 'bmi', 'bp', 's1', 's2', 's3', 's4', 's5', 's6']
```

```
In [28]: df.head(10)
```

次の表が出力されます。

	age	sex	bmi	bp	s1	s2	s3	s4	s5	s6
0	0.038076	0.050680	0.061696	0.021872	-0.044223	-0.034821	-0.043401	-0.002592	0.019908	-0.017646
1	-0.001882	-0.044642	-0.051474	-0.026328	-0.008449	-0.019163	0.074412	-0.039493	-0.068330	-0.092204
2	0.085299	0.050680	0.044451	-0.005671	-0.045599	-0.034194	-0.032356	-0.002592	0.002864	-0.025930
3	-0.089063	-0.044642	-0.011595	-0.036656	0.012191	0.024991	-0.036038	0.034309	0.022692	-0.009362
4	0.005383	-0.044642	-0.036385	0.021872	0.003935	0.015596	0.008142	-0.002592	-0.031991	-0.046641
5	-0.092695	-0.044642	-0.040696	-0.019442	-0.068991	-0.079288	0.041277	-0.076395	-0.041180	-0.096346
6	-0.045472	0.050680	-0.047163	-0.015999	-0.040096	-0.024800	0.000779	-0.039493	-0.062913	-0.038357
7	0.063504	0.050680	-0.001895	0.066630	0.090620	0.108914	0.022869	0.017703	-0.035817	0.003064
8	0.041708	0.050680	0.061696	-0.040099	-0.013953	0.006202	-0.028674	-0.002592	-0.014956	0.011349
9	-0.070900	-0.044642	0.039062	-0.033214	-0.012577	-0.034508	-0.024993	-0.002592	0.067736	-0.013504

以下の簡単なコードで、データフレームにターゲット列を作成できます。

```
In [29]: df['Target'] = diabetes.target
```

```
In [30]: df.head(10)
```

	age	sex	bmi	bp	s1	s2	s3	s4	s5	s6	Target
0	0.038076	0.050680	0.061696	0.021872	-0.044223	-0.034821	-0.043401	-0.002592	0.019908	-0.017646	151.0
1	-0.001882	-0.044642	-0.051474	-0.026328	-0.008449	-0.019163	0.074412	-0.039493	-0.068330	-0.092204	75.0
2	0.085299	0.050680	0.044451	-0.005671	-0.045599	-0.034194	-0.032356	-0.002592	0.002864	-0.025930	141.0
3	-0.089063	-0.044642	-0.011595	-0.036656	0.012191	0.024991	-0.036038	0.034309	0.022692	-0.009362	206.0
4	0.005383	-0.044642	-0.036385	0.021872	0.003935	0.015596	0.008142	-0.002592	-0.031991	-0.046641	135.0
5	-0.092695	-0.044642	-0.040696	-0.019442	-0.068991	-0.079288	0.041277	-0.076395	-0.041180	-0.096346	97.0
6	-0.045472	0.050680	-0.047163	-0.015999	-0.040096	-0.024800	0.000779	-0.039493	-0.062913	-0.038357	138.0
7	0.063504	0.050680	-0.001895	0.066630	0.090620	0.108914	0.022869	0.017703	-0.035817	0.003064	63.0
8	0.041708	0.050680	0.061696	-0.040099	-0.013953	0.006202	-0.028674	-0.002592	-0.014956	0.011349	110.0
9	-0.070900	-0.044642	0.039062	-0.033214	-0.012577	-0.034508	-0.024993	-0.002592	0.067736	-0.013504	310.0

pandasは、表形式データの操作を容易にしてくれる上に、様々なヘルパーメソッドや可視化機能で
分析のサポートまでしてくれます。

```
In [31]: # Descriptive statistics   記述統計量
         df.describe()
```

次の表が出力されます。

	age	sex	bmi	bp	s1	s2	s3	s4	s5	s6	Target
count	4.420000e+02	4.420000e+02	4.420000e+02	4.420000e+02	4.420000e+02	4.420000e+02	4.420000e+02	4.420000e+02	4.420000e+02	4.420000e+02	442.000000
mean	-3.634285e-16	1.308343e-16	-8.045349e-16	1.281655e-16	-8.835316e-17	1.327024e-16	-4.574646e-16	3.777301e-16	-3.830854e-16	-3.412882e-16	152.133484
std	4.761905e-02	4.761905e-02	4.761905e-02	4.761905e-02	4.761905e-02	4.761905e-02	4.761905e-02	4.761905e-02	4.761905e-02	4.761905e-02	77.093005
min	-1.072256e-01	-4.464164e-02	-9.027530e-02	-1.123996e-01	-1.267807e-01	-1.156131e-01	-1.023071e-01	-7.639450e-02	-1.260974e-01	-1.377672e-01	25.000000
25%	-3.729927e-02	-4.464164e-02	-3.422907e-02	-3.665645e-02	-3.424784e-02	-3.035840e-02	-3.511716e-02	-3.949338e-02	-3.324879e-02	-3.317903e-02	87.000000
50%	5.383060e-03	-4.464164e-02	-7.283766e-03	-5.670611e-03	-4.320866e-03	-3.819065e-03	-6.584468e-03	-2.592262e-03	-1.947634e-03	-1.077698e-03	140.500000
75%	3.807591e-02	5.068012e-02	3.124802e-02	3.564384e-02	2.835801e-02	2.984439e-02	2.931150e-02	3.430886e-02	3.243323e-02	2.791705e-02	211.500000
max	1.107267e-01	5.068012e-02	1.705552e-01	1.320442e-01	1.539137e-01	1.987880e-01	1.811791e-01	1.852344e-01	1.335990e-01	1.356118e-01	346.000000

では、以下のコードを使って、ターゲットの分布を見てみましょう。

```
In [32]: plt.hist(df['Target'])
Out[32]: (array([38., 80., 68., 62., 50., 41., 38., 42., 17.,  6.]),
          array([ 25. ,  57.1,  89.2, 121.3, 153.4, 185.5, 217.6, 249.7, 281.8,
                 313.9, 346. ]),
          <a list of 10 Patch objects>)
```

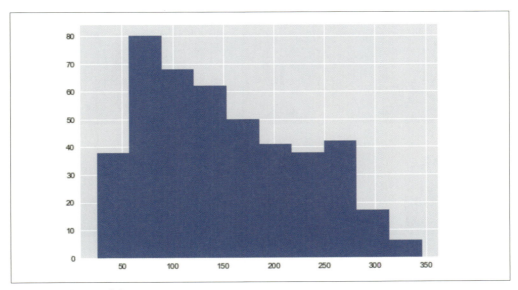

図6-5　ターゲットの分布

ターゲット変数は、右に歪んでいることがわかります。以下のコードをご覧ください。

```
In [33]: # Since 'sex' is categorical, excluding it from numerical columns
         numeric_cols = [col for col in df.columns if col != 'sex']
```
'sex'はカテゴリカル変数なので、数値変数の列から除去する

```
In [34]: numeric_cols
Out[34]: ['age', 'bmi', 'bp', 's1', 's2', 's3', 's4', 's5', 's6', 'Target']
```
変数の分布を個別に表示してもよいが、もっとよい方法がある

```
In [35]: # You can have a look at variable distributions individually, but there's a better way
         df[numeric_cols].hist(figsize=(20, 20), bins=30, xlabelsize=12, ylabelsize=12)

         # You can also choose create dataframes for numerical and categorical variables
```
数値変数とカテゴリカル変数のデータフレームをそれぞれ作成することもできる

以下の図が出力されます。

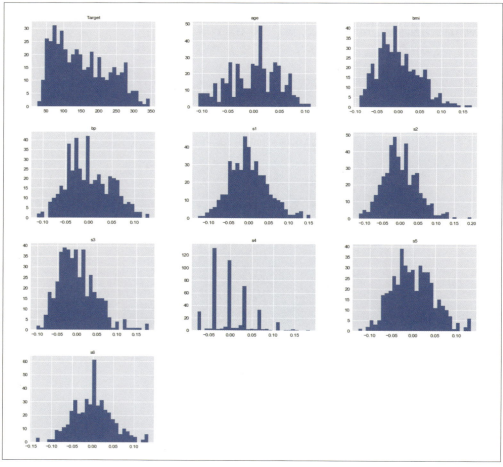

図6-6 特徴の分布

いくつかの特徴の分布を調べて、どれが類似しているかを判断することもできます。この例では、以下のコードでわかるように、特徴**s1**、**s2**、**s6**の分布が似ているようです。

```
In [36]: # corr method will give you the correlation between features
         df[numeric_cols].corr()
```

corrメソッドを使うと特徴間の相関が得られる

次の表が出力されます。

	age	bmi	bp	s1	s2	s3	s4	s5	s6	Target
age	1.000000	0.185085	0.335427	0.260061	0.219243	-0.075181	0.203841	0.270777	0.301731	0.187889
bmi	0.185085	1.000000	0.395415	0.249777	0.261170	-0.366811	0.413807	0.446159	0.388680	0.586450
bp	0.335427	0.395415	1.000000	0.242470	0.185558	-0.178761	0.257653	0.393478	0.390429	0.441484
s1	0.260061	0.249777	0.242470	1.000000	0.896663	0.051519	0.542207	0.515501	0.325717	0.212022
s2	0.219243	0.261170	0.185558	0.896663	1.000000	-0.196455	0.659817	0.318353	0.290600	0.174054
s3	-0.075181	-0.366811	-0.178761	0.051519	-0.196455	1.000000	-0.738493	-0.398577	-0.273697	-0.394789
s4	0.203841	0.413807	0.257653	0.542207	0.659817	-0.738493	1.000000	0.617857	0.417212	0.430453
s5	0.270777	0.446159	0.393478	0.515501	0.318353	-0.398577	0.617857	1.000000	0.464670	0.565883
s6	0.301731	0.388680	0.390429	0.325717	0.290600	-0.273697	0.417212	0.464670	1.000000	0.382483
Target	0.187889	0.586450	0.441484	0.212022	0.174054	-0.394789	0.430453	0.565883	0.382483	1.000000

この関係は、以下のように heatmap を使うとよりわかりやすく表せます。

```
In [37]: plt.figure(figsize=(15, 15))
         sns.heatmap(df[numeric_cols].corr(), annot=True)
```

このコードで**図6-7**が生成されます。

6章　NumPyとSciPy、pandas、scikit-learnを併用する

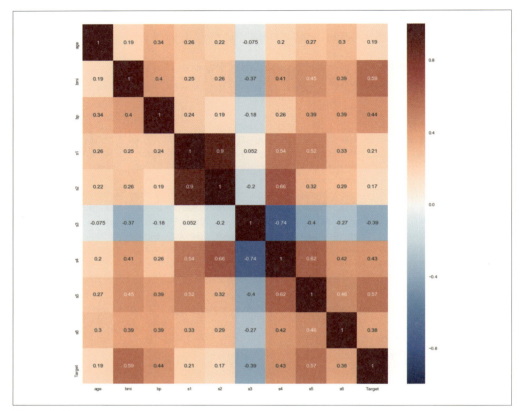

図6-7　相関のヒートマップ

また、以下のコードを用いて、相関をフィルタにかけることもできます。

```
In [38]: plt.figure(figsize=(18, 15))
         sns.heatmap(df[numeric_cols].corr()
                     [(df[numeric_cols].corr() >= 0.3) & (df[numeric_cols].corr() <= 0.5)],
                     annot=True)
```

図6-8は、相関をフィルタにかけた結果を示しています。

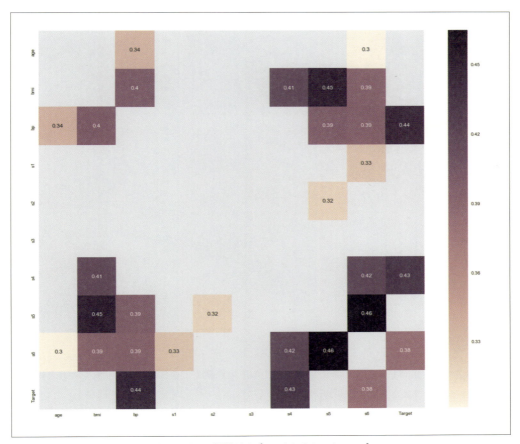

図6-8 フィルタにかけて0.3以上0.5以下の相関だけプロットしたヒートマップ

統計的な関係を調べるのに役立つ可視化機能は、他にもあります。**図6-9**は、以下のコードの出力結果です。

```
In [39]: fig, ax = plt.subplots(3, 3, figsize = (18, 12))
         for i, ax in enumerate(fig.axes):
             if i < 9:
                 sns.regplot(x=df[numeric_cols[i]],y='Target', data=df, ax=ax)
```

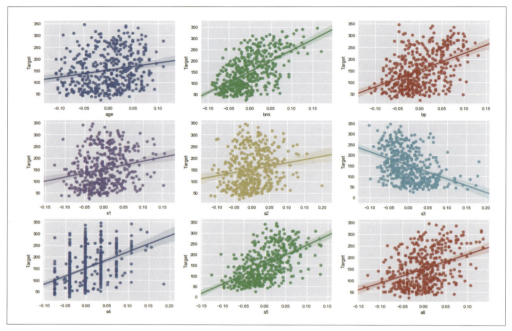

図6-9 回帰直線のプロット

ご覧のように、pandasで個々の特徴や特徴同士の関係が検査できるので、pandasを使うと探索的データ分析が随分楽になります。

6.2.1　pandasで株価の定量的モデリングをする

pandasは金融データを扱うために開発されたため、時系列データを扱うための便利な関数が多数用意されています。本節では、pandasのライブラリを使って株価の時系列データを扱う方法を見ていきます。

まずはPythonのquandlライブラリを使って、企業の財務データを取得します。以下のコードをご覧ください[1]。

```
In [40]: %matplotlib inline
         import matplotlib.pyplot as plt
         import pandas as pd
         import quandl
         msft = quandl.get('WIKI/MSFT')
```

---

[1] 訳注：標準ライブラリではないので、`$ pip install quandl`などでインストールする必要があります。

```
In [41]: msft.columns
Out[41]: Index(['Open', 'High', 'Low', 'Close', 'Volume', 'Ex-Dividend', 'Split Ratio',
                'Adj. Open', 'Adj. High', 'Adj. Low', 'Adj. Close', 'Adj. Volume'],
               dtype='object') dtype='object')


In [42]: msft.tail()
```

このコードで**図6-7**が生成されます。

日付 Date	始値 Open	高値 High	安値 Low	終値 Close	出来高 Volume	配当権利落ち Ex-Dividend	分割比率 Split Ratio	調整後始値 Adj. Open	調整後高値 Adj. High	調整後安値 Adj. Low	調整後終値 Adj. Close	調整後出来高 Adj. Volume
2018-03-21	92.930	94.050	92.21	92.48	23753263.0	0.0	1.0	92.930	94.050	92.21	92.48	23753263.0
2018-03-22	91.265	91.750	89.66	89.79	37578166.0	0.0	1.0	91.265	91.750	89.66	89.79	37578166.0
2018-03-23	89.500	90.460	87.08	87.18	42159397.0	0.0	1.0	89.500	90.460	87.08	87.18	42159397.0
2018-03-26	90.610	94.000	90.40	93.78	55031149.0	0.0	1.0	90.610	94.000	90.40	93.78	55031149.0
2018-03-27	94.940	95.139	88.51	89.47	53704562.0	0.0	1.0	94.940	95.139	88.51	89.47	53704562.0

では、プロットを以下の設定にカスタマイズしましょう[1]。

```
In [43]: # import matplotlib.font_manager as font_manager
         # font_path = '/Library/Fonts/Cochin.ttc'
         # font_prop =  font_manager.FontProperties(fname=font_path, size=24)
         # axis_font = {'fontname':'Arial', 'size':'18'}
         # title_font = {'fontname':'Arial','size':'22', 'color':'black', 'weight':'normal',
         #               'verticalalignment':'bottom'}

         from pandas.plotting import register_matplotlib_converters # FutureWarning 対策
         register_matplotlib_converters() # FutureWarning 対策

         plt.figure(figsize=(10, 8))
         plt.plot(msft['Adj. Close'], label='Adj. Close')

         plt.xticks(fontsize=22)
         plt.yticks(fontsize=22)

         plt.xlabel("Date")
         plt.ylabel("Adj. Close")

         plt.title("MSFT")
         plt.legend(loc='upper left', numpoints=1)

         plt.show()
```

---

[1]　訳注：ここはmacOSを前提にしています。Cochinフォントは有料なのでmacOS以外ではコメントアウトする必要があります。

図6-10は、上のように設定したプロットです。

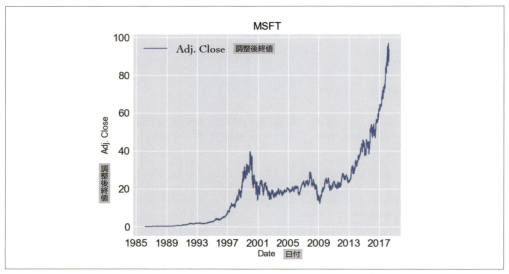

図6-10　MSFT株の調整後終値

以下のコードで、日次収益変動率を計算できます。

```
In [44]: msft['7Daily Pct. Change'] = (msft['Adj. Close'] - msft['Adj. Open']) /
         msft['Adj. Open']

In [45]: msft.tail(10)
```

msft.tail(10)の出力は次の通りです。

Date	Open	High	Low	Close	Volume	Ex-Dividend	Split Ratio	Adj. Open	Adj. High	Adj. Low	Adj. Close	Adj. Volume	Daily Pct. Change
2018-03-14	95.120	95.410	93.50	93.85	31576898.0	0.0	1.0	95.120	95.410	93.50	93.85	31576898.0	-0.013352
2018-03-15	93.530	94.580	92.83	94.18	26279014.0	0.0	1.0	93.530	94.580	92.83	94.18	26279014.0	0.006950
2018-03-16	94.680	95.380	93.92	94.60	47329521.0	0.0	1.0	94.680	95.380	93.92	94.60	47329521.0	-0.000845
2018-03-19	93.740	93.900	92.11	92.89	31752589.0	0.0	1.0	93.740	93.900	92.11	92.89	31752589.0	-0.009068
2018-03-20	93.050	93.770	93.00	93.13	21787780.0	0.0	1.0	93.050	93.770	93.00	93.13	21787780.0	0.000860
2018-03-21	92.930	94.050	92.21	92.48	23753263.0	0.0	1.0	92.930	94.050	92.21	92.48	23753263.0	-0.004842
2018-03-22	91.265	91.750	89.66	89.79	37578166.0	0.0	1.0	91.265	91.750	89.66	89.79	37578166.0	-0.016162
2018-03-23	89.500	90.460	87.08	87.18	42159397.0	0.0	1.0	89.500	90.460	87.08	87.18	42159397.0	-0.025922
2018-03-26	90.610	94.000	90.40	93.78	55031149.0	0.0	1.0	90.610	94.000	90.40	93.78	55031149.0	0.034985
2018-03-27	94.940	95.139	88.51	89.47	53704562.0	0.0	1.0	94.940	95.139	88.51	89.47	53704562.0	-0.057615

次に、日次収益変動率のヒストグラムを作成してみましょう。このコードを実行すると**図6-11**に示すプロットが生成されます。

```
In [46]: plt.figure(figsize=(22, 8))
         plt.hist(msft['Daily Pct. Change'], bins=100)
```

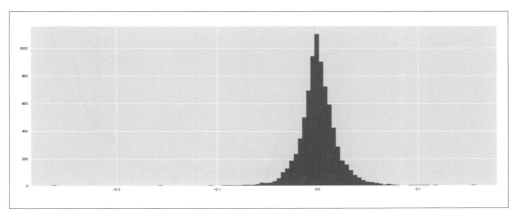

図6-11 日次収益変動率の分布

　可視化された分布は裾が長く、特に負の側で顕著ですが、このパターンは財務分析では知られた現象です。これで生じるリスクはテールリスクと言い、市場収益率は正規分布に従うという仮定に反するものです。つまり、極限事象が起きる確率は、より正規分布に近い分布の場合よりも高いことを示しています。

　可視化は、対話的に操作できると便利です。plotlyは、以下に示すように、他のプロット用ライブラリに代わる便利な機能を提供してくれます。このコードから、**図6-12**に示すプロットが出力されます。

```
In [47]: import chart_studio.plotly as py
         import plotly.graph_objs as go
         from plotly.offline import download_plotlyjs, init_notebook_mode, plot, iplot

         init_notebook_mode(connected=True)

         from datetime import datetime
         import pandas_datareader.data as web

         import quandl

         msft = quandl.get('WIKI/MSFT')
         msft['Daily Pct. Change'] = (msft['Adj. Close'] - msft['Adj. Open']) /
             msft['Adj. Open']

         data = [go.Scatter(x=msft.index, y=msft['Adj. Close'])]
```

```
# plot(data)
iplot(data)
```

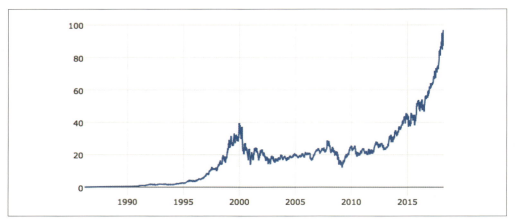

図6-12 MSFT株の調整後終値の推移

始値-高値-安値-終値（**OHLC**：open-high-low-close）チャートも作成できます。これには、日ごとに4つの異なる価格、すなわち始値、高値、安値、終値が示されたグラフです。以下のコードで、**図6-13**のプロットが出力されます。

```
In [48]: # You can create OHLC (Open-High-Low-Close) charts
         trace = go.Ohlc(x=msft.index,
              open=msft['Adj. Open'],
              high=msft['Adj. High'],
              low=msft['Adj. Low'],
              close=msft['Adj. Close'])
         data = [trace]
         # plot(data)
         iplot(data)
```

> 始値-高値-安値-終値（OHLC：open-high-low-close）チャートも作成できる

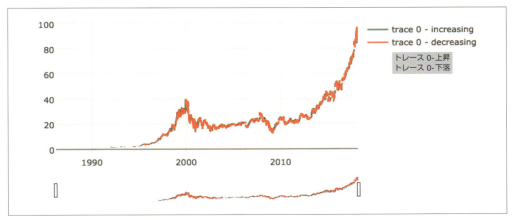

図6-13 図6-12に始値、高値、安値、終値を追加

グラフ上で特定の区間を選択して、自分が詳しく見たい範囲を指定できます。**図6-14**をご覧ください。

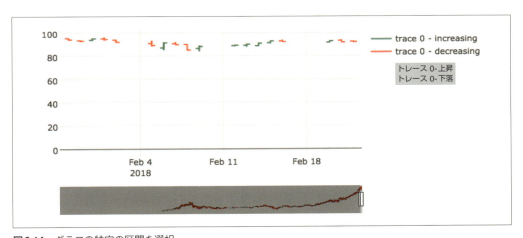

図6-14 グラフの特定の区間を選択

同様に、**ローソク足**チャートも、以下のコードで作成できます。

```
In [50]: # Similarly, you can create Candlestick charts
         trace = go.Candlestick(x=msft.index,
                     open=msft['Adj. Open'],
                     high=msft['Adj. High'],
                     low=msft['Adj. Low'],
                     close=msft['Adj. Close'])
         data = [trace]
```

```
# plot(data)
iplot(data)
```

以下の図が出力されます。

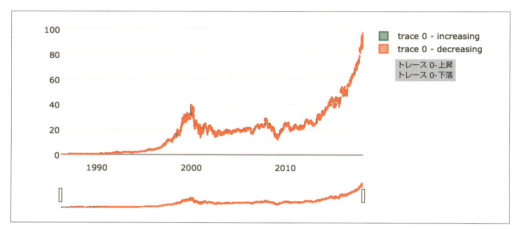

図6-15　ローソク足チャート

　OHLCチャートと同様に、ローソク足チャートでも任意の範囲を選択できます。図6-16をご覧ください。

図6-16　グラフの任意の範囲を選択

　図6-17のような分布プロットは以下のコードで作成できます。

```
In [51]: import plotly.figure_factory as ff

         fig = ff.create_distplot([msft['Daily Pct. Change'].values], ['MSFT Daily Returns'],
             show_hist=False)

         # plot(fig)
         iplot(fig)
```

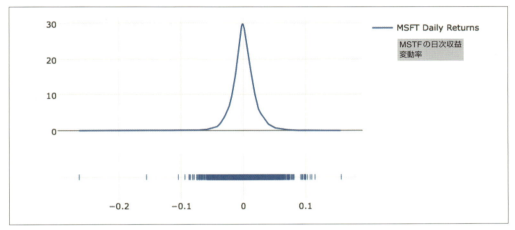

図6-17 MSTFの日次収益変動率

以下のコードで、3通りの移動平均を作成できます。

```
In [52]: msft['200MA'] = msft['Adj. Close'].rolling(window=200).mean()
         msft['100MA'] = msft['Adj. Close'].rolling(window=100).mean()
         msft['50MA'] = msft['Adj. Close'].rolling(window=50).mean()

In [53]: msft.tail(10)
```

msft.tail(10)を実行すると、以下の表が出力されます。

Date	Open	High	Low	Close	Volume	Ex-Dividend	Split Ratio	Adj. Open	Adj. High	Adj. Low	Adj. Close	Adj. Volume	Daily Pct. Change	200MA	100MA	50MA
2018-03-14	95.120	95.410	93.50	93.85	31576898.0	0.0	1.0	95.120	95.410	93.50	93.85	31576898.0	-0.013352	79.764181	87.322623	91.4226
2018-03-15	93.530	94.580	92.83	94.18	26279014.0	0.0	1.0	93.530	94.580	92.83	94.18	26279014.0	0.006950	79.888837	87.492232	91.5872
2018-03-16	94.680	95.380	93.92	94.60	47329521.0	0.0	1.0	94.680	95.380	93.92	94.60	47329521.0	-0.000845	80.013416	87.663055	91.7522
2018-03-19	93.740	93.900	92.11	92.89	31752589.0	0.0	1.0	93.740	93.900	92.11	92.89	31752589.0	-0.009068	80.132266	87.807824	91.8678
2018-03-20	93.050	93.770	93.00	93.13	21787780.0	0.0	1.0	93.050	93.770	93.00	93.13	21787780.0	0.000860	80.251028	87.954794	91.9666
2018-03-21	92.930	94.050	92.21	92.48	23763263.0	0.0	1.0	92.930	94.050	92.21	92.48	23763263.0	-0.004842	80.358327	88.094965	92.0506
2018-03-22	91.265	91.750	89.66	89.79	37578166.0	0.0	1.0	91.265	91.750	89.66	89.79	37578166.0	-0.016162	80.449602	88.210525	92.0820
2018-03-23	89.500	90.460	87.08	87.18	42159397.0	0.0	1.0	89.500	90.460	87.08	87.18	42159397.0	-0.025922	80.526639	88.298691	92.0692
2018-03-26	90.610	94.000	90.40	93.78	55031149.0	0.0	1.0	90.610	94.000	90.40	93.78	55031149.0	0.034985	80.637320	88.402612	92.1832
2018-03-27	94.940	95.139	88.51	89.47	53704562.0	0.0	1.0	94.940	95.139	88.51	89.47	53704562.0	-0.057615	80.728653	88.462637	92.1810

158 | 6章　NumPyとSciPy、pandas、scikit-learnを併用する

以下のコードは、最近の2,000日分のデータを含むようにデータをスライスし、**図6-18**のプロットを
出力します。

```
In [54]: trace_adjclose = go.Scatter(
                          x=msft[-2000:].index,
                          y=msft[-2000:]['Adj. Close'],
                          name = "Adj. Close",
                          line = dict(color = '#000000'),
                          opacity = 0.8)

         trace_200 = go.Scatter(
                          x=msft[-2000:].index,
                          y=msft[-2000:]['200MA'],
                          name = "200MA",
                          line = dict(color = '#FF0000'),
                          opacity = 0.8)

         trace_100 = go.Scatter(
                          x=msft[-2000:].index,
                          y=msft[-2000:]['100MA'],
                          name = "100MA",
                          line = dict(color = '#0000FF'),
                          opacity = 0.8)

         trace_50 = go.Scatter(
                          x=msft[-2000:].index,
                          y=msft[-2000:]['50MA'],
                          name = "50MA",
                          line = dict(color = '#FF00FF'),
                          opacity = 0.8)


         data = [trace_adjclose, trace_200, trace_100, trace_50]

         layout = dict(title = "MSFT Moving Averages: 200, 100, 50 days", )

         fig = dict(data=data, layout=layout)
         # plot(fig)
         iplot(fig)
```

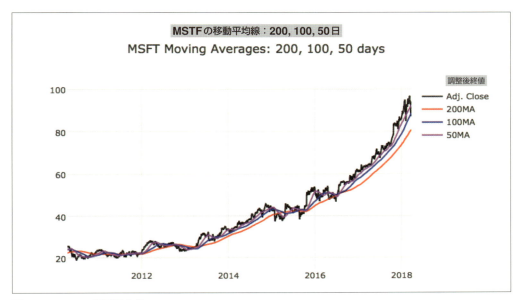

図6-18　MSTFの移動平均線

　金融市場のトレンドの監視には、移動平均線が使われます。この例では3通りの移動平均線を用いており、それぞれが異なる期間を表します。短期、中期、長期トレンドの変動を監視するための日数を、それぞれ設定できます。

　金融時系列データを扱い出すとすぐに、異なる期間ごとの集計が必要になることに気付きますが、これらはpandasで極めて簡単に作成できます。以下のコード片は、レコードの月ごとの平均をとって集計するものです。

```
In [55]: msft_monthly = msft.resample('M').mean()

In [56]: msft_monthly.tail(10)
```

次の表が出力されます。

	Open	High	Low	Close	Volume	Ex-Dividend	Split Ratio	Adj. Open	Adj. High	Adj. Low	Adj. Close	Adj. Volume	Daily Pct. Change	200MA	100MA	50MA
Date																
2017-06-30	70.561364	71.014600	69.835727	70.517955	2.773277e+07	0.000000	1.0	69.834054	70.282618	69.115897	69.791092	2.773277e+07	-0.000553	61.950990	65.477445	67.593782
2017-07-31	71.843250	72.412995	71.441000	72.012500	2.256239e+07	0.000000	1.0	71.102727	71.666599	70.704623	71.270232	2.256239e+07	0.002403	63.431438	66.971306	69.281458
2017-08-31	72.715652	73.196083	72.285187	72.816957	1.864639e+07	0.016957	1.0	72.183532	72.660475	71.756218	72.284124	1.864639e+07	0.001409	65.098648	68.785956	70.822208
2017-09-30	74.365500	74.786000	73.891000	74.344500	1.835672e+07	0.000000	1.0	73.990997	74.409380	73.518887	73.970103	1.835672e+07	-0.000265	66.700094	70.590506	72.419931
2017-10-31	77.889091	78.349318	77.529773	77.899545	2.002319e+07	0.000000	1.0	77.496844	77.954753	77.139335	77.547044	2.002319e+07	0.000765	68.223272	72.157040	73.922416
2017-11-30	83.620500	84.061610	83.124875	83.675500	1.980172e+07	0.021000	1.0	83.430357	83.870554	82.936030	83.485128	1.980172e+07	0.000679	70.262112	74.611141	77.552074
2017-12-31	84.836000	85.409915	84.163255	84.758500	2.237773e+07	0.000000	1.0	84.836000	85.409915	84.163255	84.758500	2.237773e+07	-0.000846	72.340131	77.291184	81.378112
2018-01-31	89.965952	90.657486	89.372143	90.074286	2.587511e+07	0.000000	1.0	89.965952	90.657486	89.372143	90.074286	2.587511e+07	0.001250	74.734287	80.352415	85.030938
2018-02-28	91.392105	92.764974	90.055832	91.413158	3.633093e+07	0.000000	1.0	91.392105	92.764974	90.055832	91.413158	3.633093e+07	0.000513	77.324649	83.868860	88.237253
2018-03-31	93.570263	94.471032	92.227684	93.169474	3.339462e+07	0.000000	1.0	93.570263	94.471032	92.227684	93.169474	3.339462e+07	-0.004179	79.714769	87.235899	91.248411

以下に単純な時系列のプロット方法を示します。このコードから図6-19が出力されます。

```
In [57]: data = [go.Scatter(x=msft_monthly[-24:].index, y = msft_monthly[-24:]['Adj. Close'])]

         # plot(data)
         iplot(data)
```

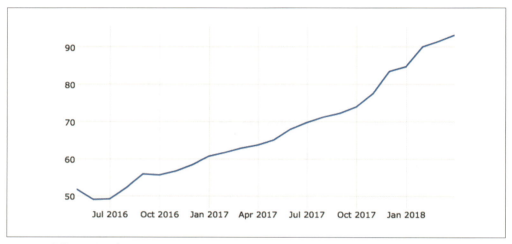

図6-19　単純な時系列プロット

　特徴間の関係を調べたい場合は、前出のいくつかの例で見たように、相関行列が利用できます。時系列データで専門家が重要視する統計量に自己相関がありますが、これは時系列データとそれ自身をシフトしたデータとの相関を表します。例えば、理想的には時系列データには季節変動を表す周期的なピークがあることが予期されます。以下のコードを用いて、日次収益変動率に有意なピークが存在するか調べてみましょう。

```
In [58]: plt.figure(figsize=(22, 14))
         pd.plotting.autocorrelation_plot(msft_monthly['Daily Pct. Change'])
```

　出力結果を**図6-20**に示します。

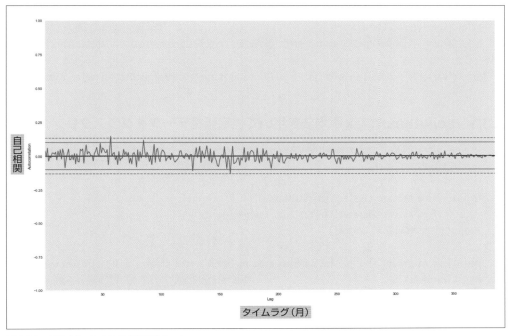

図6-20 月次データの自己相関プロット

この時系列には有意なタイムラグがありませんが、GDP、インフレ率、失業水準などのマクロ経済変数で試してみると、季節周期や年周期の有意なピークが見えるかもしれません。

6.3 SciPyとscikit-learn

scikit-learnは、機械学習用のSciKitライブラリの1つで、SciPyをベースに作られています。これまでの章でも行ってきたように、scikit-learnライブラリを使って回帰分析ができます。以下のコードをご覧ください。

```
In [59]: from sklearn import datasets, linear_model
         from sklearn.metrics import mean_squared_error, r2_score

         diabetes = datasets.load_diabetes()


         linreg = linear_model.LinearRegression()
         linreg.fit(diabetes.data, diabetes.target)
```

162 | 6章　NumPyとSciPy、pandas、scikit-learnを併用する

```
In [60]: # You can inspect the results by looking at evaluation metrics
print('Coeff.: n', linreg.coef_)                        評価メトリックを見て結果を検証できる
print("MSE: {}".format(mean_squared_error(diabetes.target, linreg.predict(diabetes.data))))

print('Variance Score: {}'.format(r2_score(diabetes.target, linreg.predict(diabetes.data))))
```

6.3.1　scikit-learnでk平均法を用いて住宅価格データをクラスタリングする

本節では、住宅価格データをscikit-learnのk近傍法アルゴリズムを用いてクラスタリングします。
以下にその方法を示します。

```
In [61]: from sklearn.cluster import KMeans
         from sklearn.datasets import load_boston
         boston = load_boston()

In [62]: # As previously, you have implemented the KMeans from scratch and in this example, you
use sklearns API                        5章ではk近傍法のアルゴリズムを一から実装したが、
                                        本例ではsklearnのAPIであるKMeansを用いる

In [63]: k_means = KMeans(n_clusters=3)

In [64]: # Training     訓練
         k_means.fit(boston.data)
Out[64]: KMeans(algorithm='auto', copy_x=True, init='k-means++', max_iter=300,
             n_clusters=3, n_init=10, n_jobs=1, precompute_distances='auto',
             random_state=None, tol=0.0001, verbose=0)

In [65]: print(k_means.labels_)
```

上のコードの出力結果は以下の通りです。

```
Out[65]: [1 1 1 1 1 1 1 1 1 1 1 1 1 1 1 1 1 1 1 1 1 1 1 1 1 1 1 1 1 1 1 1 1 1
          1 1 1 1 1 1 1 1 1 1 1 1 1 1 1 1 1 1 1 1 1 1 1 1 1 1 1 1 1 1 1 1 1 1
          1 1 1 1 1 1 1 1 1 1 1 1 1 1 1 1 1 1 1 1 1 1 1 1 0 1 1 1 1 1 1 1 1 1
          1 1 1 1 1 1 1 1 1 1 1 1 1 1 1 1 1 1 1 1 1 1 1 1 1 1 1 1 1 1 1 1 1 1
          1 1 1 1 1 1 0 0 1 1 1 1 1 1 1 1 1 1 1 1 1 1 1 1 1 1 1 1 1 1 1 1 1 1
          1 1 1 1 1 1 1 1 1 1 1 1 1 1 1 1 1 1 1 1 1 1 1 1 1 1 1 1 1 1 1 1 1 1
          1 1 1 1 1 1 1 1 1 1 1 1 1 1 1 1 1 1 1 1 1 1 1 1 1 1 1 1 1 1 1 1 1 1
          1 1 1 1 1 1 1 1 1 1 1 1 1 1 1 1 1 1 1 1 1 1 1 1 1 1 1 1 1 1 1 1 1 1
          1 1 1 1 1 1 1 1 1 1 1 1 1 1 1 1 1 1 1 1 1 1 1 1 1 1 1 1 1 1 1 1 1 1
          1 1 1 1 1 1 1 1 1 1 1 1 1 1 1 1 1 1 1 1 2 2 2 2 2 2 2 2 2 2 0 2 2
          2 2 2 2 2 2 2 2 2 2 2 2 2 2 2 2 2 2 2 2 2 2 2 2 2 2 2 2 2 2 2 2 2 2
          2 2 0 0 0 0 0 0 0 0 0 2 2 0 0 0 0 0 0 0 0 0 0 0 0 0 2 2 2 2 2]
```

```
2 0 2 2 2 2 0 2 2 2 0 0 0 0 2 2 2 2 2 2 2 2 2 0 2 2 2 2 2 2 2 2 2 2 2 2 2 2 2 2
2 2 2 2 2 2 2 2 2 2 2 2 2 1 1 1 1 1 1 1 1 1 1 1 1 1]
```

以下のコード行で、クラスタの重心が得られます。

```
In [66]: print(k_means.cluster_centers_)
```

画面出力は以下の通りです。

```
Out[66]: [[ 1.49558803e+01 -5.32907052e-15  1.79268421e+01  2.63157895e-02
           6.73710526e-01  6.06550000e+00  8.99052632e+01  1.99442895e+00
           2.25000000e+01  6.44736842e+02  1.99289474e+01  5.77863158e+01
           2.04486842e+01]
         [ 3.74992678e-01  1.57103825e+01  8.35953552e+00  7.10382514e-02
           5.09862568e-01  6.39165301e+00  6.04133880e+01  4.46074481e+00
           4.45081967e+00  3.11232240e+02  1.78177596e+01  3.83489809e+02
           1.03886612e+01]
         [ 1.09105113e+01  5.32907052e-15  1.85725490e+01  7.84313725e-02
           6.71225490e-01  5.98226471e+00  8.99137255e+01  2.07716373e+00
           2.30196078e+01  6.68205882e+02  2.01950980e+01  3.71803039e+02
           1.78740196e+01]]
```

　クラスタ分析のアルゴリズムを評価するには、通常、シルエット分析やエルボー法を用いて、クラスタの品質の評価や、適切なハイパーパラメータ（k平均法のkなど）の決定を行います。scikit-learnが提供する単純なAPIを使ってみると、このような分析も容易に実行できることがわかります。これまでの実例で学んだことを、ぜひとも練習を積んでさらに進展させていってください。知識もスキルも向上していきます。

6.4　6章のまとめ

　本章では、NumPy、SciPy、pandasおよびscikit-learnの使い方を、様々な課題（主に機械学習の課題）を用いて練習しました学習の課題）を用いて行いました。Pythonのデータサイエンスライブラリを使う際には、課題を解決するための方法が複数ある場合が一般的で、複数の方法を知っておくと役に立ちます。

　比較のために、あるいは実装を改良するために、別の方法を使ってみるとよいでしょう。特定の課題を解決するため、異なる手法を試していくうちに、実装のカスタマイズが進む別な手を発見したり、性能の向上が見られたるすることでしょう。

　本章の目標は、このような様々な選択肢を提示することと、Pythonがその豊かな解析ライブラリのエコシステムによって極めて柔軟な言語となっていることを示すことでした。次節では、NumPyの内

部、例えばデータ構造やメモリの管理、コードのプロファイリング、効率のよいプログラミングのヒントなどについてさらに詳しく学びます。

7章
NumPy 上級編

　ライブラリの多くには、便利で使いやすいAPIが用意されています。提供されているAPI関数を起動するだけで、残りはライブラリが処理してくれます。出力にしか興味がなく、見えないところで起きていることはどうでもよい、という場合も多く、たいていの処理はそれで済んでしまうのですが、それでも使用するライブラリの基本的な内部構造を理解しておくことは重要です。内部構造を理解すれば、自分のコードで起きていることや、アプリケーション開発の際に避けるべき危険などが把握しやすくなります。

　本章では、NumPyの型の階層構造やメモリ使用量といったNumPyの内部構造について解説します。章の後方では、自分のプログラムを1行ずつ検査するために行うコードのプロファイリングについて学習します。

7.1　NumPyの内部構造

　これまでの章で、NumPyの配列が数値計算の効率を向上させ、NumPyのAPIが直観的で使いやすいことを見てきました。NumPy配列は、それをベースに作られている他の多くの科学ライブラリの中核としての役割も担っています。

　既存のコードを超える、効率的なコードを書くには、データ処理の内部構造まで理解する必要があります。NumPy配列とメタデータは、特定のデータが格納される、データバッファという専用のメモリ領域に置かれています。

7.1.1　NumPyのメモリ管理方法

　一旦NumPy配列を初期化したら、メタデータとデータは、**ランダムアクセスメモリ**（**RAM**：Random Access Memory）内に割り当てられた位置に格納されます。

```
In [1]: import numpy as np
        array_x = np.array([100.12, 120.23, 130.91])
```

　まず、Pythonは動的型付けの言語であり、intやdoubleなどのように変数の型を明示的に宣言する必要がありません。変数の型は推論され、上の例の場合ではarray_xの予期されるデータ型はnp.float64です。

```
In [2]: print(array_x.dtype)
        float64
```

　PythonではなくNumPyライブラリを使用する利点は、多数の数値データ型がサポートされていることです。NumPyがサポートする数値データ型には、bool_、int_、intc、intp、int8、int16、int32、int64、uint8、uint16、uint32、uint64、float_、float16、float32、float64、complex_、complex64、complex128などがあります。

　データ型は、sctypesで確認できます。

```
In [3]: np.sctypes
Out[3]: {'complex': [numpy.complex64, numpy.complex128, numpy.complex256],
         'float': [numpy.float16, numpy.float32, numpy.float64, numpy.float128],
         'int': [numpy.int8, numpy.int16, numpy.int32, numpy.int64],
         'others': [bool, object, bytes, str, numpy.void],
         'uint': [numpy.uint8, numpy.uint16, numpy.uint32, numpy.uint64]}
```

図7-1に、データ型の木構造を示します。

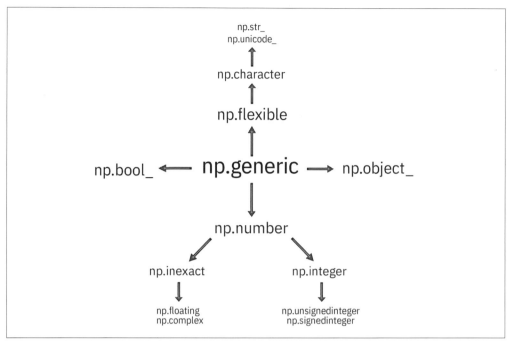

図7-1 NumPyのデータ型の木構造

`np.float64`などのデータ型の親クラスは、以下のように`mro`メソッドを呼び出して確認できます。

```
In [4]: np.float64.mro()
Out[4]: [numpy.float64,
         numpy.floating,
         numpy.inexact,
         numpy.number,
         numpy.generic,
         float,
         object]
```

一方、`np.int64`の親クラスも同様に確認できます。

```
In [5]: np.int64.mro()
Out[5]: [numpy.int64,
         numpy.signedinteger,
         numpy.integer,
         numpy.number,
         numpy.generic,
         object]
```

mroメソッドは、メソッド解決順序 (Method Resolution Order)を表します。mroを深く理解するには、先に継承の概念を理解しておく必要があります。オブジェクト指向の枠組みを備えたプログラミング言語では、あるオブジェクトのプロパティやメソッドを、それ以前に作成したオブジェクトから引き継がせることができます。これを継承と呼びます。前出の例では、np.int64は、np.signedintegerおよびそれ以降に作成されるオブジェクトのプロパティと動作を保持します。

では、単純な例を見てみましょう。

```
In [1]: class First:
            def firstmethod(self):
                print("Call from First Class, first method.")

        class Second:
            def secondmethod(self):
                print("Call from Second Class, second method.")

        class Third(First, Second):
            def thirdmethod(self):
                print("Call from Third Class, third method.")
```

この例には3つのクラスがあります。FirstとSecondクラスは独立していますが、ThirdクラスはFirstとSecondを継承しています。以下のように、Thirdクラスのインスタンスを作成してその中身をdirメソッドで確認することができます。

```
In [2]: myclass = Third()
        dir(myclass)
Out[2]:[...
         '__repr__',
         '__setattr__',
         '__sizeof__',
         '__str__',
         '__subclasshook__',
         '__weakref__',
         'firstmethod',
         'secondmethod',
         'thirdmethod']
```

dirの結果は、firstmethod、secondmethodおよびthirdmethodがmyclassのメソッドに含まれていることを示しています。

これらのメソッドを呼び出すと、以下の出力が得られます。

```
In [3]: myclass = Third()
        myclass.firstmethod()
        myclass.secondmethod()
        myclass.thirdmethod()
Out[3]: Call from First Class, first method.
        Call from Second Class, second method.
        Call from Third Class, third method.
```

First Class の firstmethod の呼び出し
Second Class の secondmethod の呼び出し
Third Class の thirdmethod の呼び出し

では、firstmethod を Second クラスに追加してみましょう。どうなるでしょうか。

```
In [4]: class First:
            def firstmethod(self):
                print("Call from First Class, first method.")

        class Second:
            def firstmethod(self):
                print("Call from Second Class, first method.")
            def secondmethod(self):
                print("Call from Second Class, second method.")

        class Third(First, Second):
            def thirdmethod(self):
                print("Call from Third Class, third method.")
```

前と同様にメソッドの出力を確認すると、以下のようになります。

```
In [5]: myclass = Third()
        myclass.firstmethod()
        myclass.secondmethod()
        myclass.thirdmethod()
Out[5]: Call from First Class, first method.
        Call from Second Class, second method.
        Call from Third Class, third method.
```

ご覧の通り、Second クラスに追加したメソッドは、何の影響ももたらしません。なぜなら、Third クラスのインスタンスが、それを First クラスから継承しているからです。

クラスの mro は、以下のように確認できます。

```
In [6]: Third.__mro__
```

この出力結果は、以下の通りです。

```
Out[6]:(__main__.Third, __main__.First, __main__.Second, object)
```

継承の機能を使うと、プロパティやメソッドはこのように解決されます。ここまでくれば、mroの働きが多少は理解できたことと思います。では、既出のNumPyのデータ型について、mroの例を再度見てみましょう。

データ型の格納に必要なメモリは、nbytesでわかります。

まずは、単一のfloat64のサイズを見てみましょう。

```
In [7]: np.float64(100.12).nbytes
Out[7]: 8

In [8]: np.str_('n').nbytes
Out[8]: 4

In [9]: np.str_('numpy').nbytes
Out[9]: 20
```

array_xには3つのfloat64が含まれるので、サイズは要素数に各要素のサイズを掛けたもの、すなわち以下のコード片が示すように24です。

```
In [10]: np.float64(array_x).nbytes
Out[10]: 24
```

計算にそこまで精度が必要ない場合には、例えばnp.float64の半分のメモリしか占めないnp.float32を使うこともできます。

```
In [11]: array_x2 = array_x.astype(np.float32)

In [12]: array_x2
Out[12]: array([100.12, 120.23, 130.91], dtype=float32)

In [13]: np.float32(array_x2).nbytes
Out[13]: 12
```

単純に考えると、8バイトのメモリには、1つのfloat64型の値か2つのfloat32型の値が格納できます。

Pythonは動的言語であるため、格納データに関する多くの情報を保持するという新しい方法で、データ型を取り扱っています。典型的なCの変数はメモリ位置の情報を保持していますが、Pythonの変数には、参照数、オブジェクト型、オブジェクトのメモリサイズ、および変数自体を含んだCの構造体として、情報が格納されています。

これは、異なるデータ型を扱える柔軟な環境を提供するために必要になるのです。リストなどのデー

タ構造が異なるオブジェクト型を保持できるのは、この情報がリストの各要素について格納されるからです。

これに対し、NumPy配列のデータ型は固定されているので、連続したメモリブロックを使うため、メモリ使用量はずっと効率よくなっています。

NumPy配列のアドレスなどの情報は、__array_interface__プロパティを確認すればわかります。このインタフェースは、開発者が配列のメモリと情報とを共有できるように書かれています。

```
In [14]: array_x.__array_interface__
Out[14]: {'data': (140378873611440, False),
          'descr': [('', '<f8')],
          'shape': (3,),
          'strides': None,
          'typestr': '<f8',
          'version': 3}
```

__array_interface__は、キーが6個あるPythonの辞書です。

shape	NumPy配列やpandasのデータフレームの普通のshape属性と同じように動作し、各次元のサイズを表示する。array_xには次元が1つと要素が3つあるので、サイズが3のタプルになる。
typestr	先頭から順にバイトオーダー、文字コード、バイト数の3つの値をとる。この例では値は'<f8'で、すなわちバイトオーダーはリトルエンディアン、文字コードは浮動小数点、バイト数は8であることを示している。
descr	メモリレイアウトに関してより詳しい情報を提供できる場合がある。デフォルトの値は[('', typestr)]。
data	データの格納場所を示す。タプルで、最初の要素はNumPy配列のメモリブロックアドレス、2番目の要素は読み出し専用か否かを示すフラグ。この例では、メモリブロックアドレスは140378873611440で、読み出し専用ではない。
strides	その配列がC言語式の連続したメモリバッファかどうかを示す。この例ではNoneなので、C言語式の連続したメモリバッファである。そうでない場合には、ストライド値のタプルであり、任意の次元の次の配列要素を取得するにはどこに飛べばよいかがわかる。ストライドは、例えばX[::4]のような連続しないスライスを使用した場合に配列のビューの指針となる重要なプロパティである。
version	バージョン番号を表し、この例では3。

以下に単純な例のコード片を示します。

```
In [15]: import numpy as np

         X = np.array([1,2,3,2,1,3,9,8,11,12,10,11,14,25,26,24,30,22,24,27])

         X[::4]
Out[15]: array([ 1,  1, 11, 14, 30])
```

172 | 7章　NumPy上級編

　これは重要な情報です。なぜなら、既存のndarraysから新しいndarraysを作る場合に、性能が落ちる可能性があるからです。では、簡単な例を見てみましょう。以下のコード片で、3次元のndarrayを作成します。

```
In [16]: nd_1 = np.random.randn(4, 6, 8)
```

```
In [17]: nd_1
Out[17]: array([[[ 0.64900179, -0.00494884, -0.97565618, -0.78851039],
                 [ 0.05165607,  0.068948  ,  1.54542042,  1.68553396],
                 [-0.80311258,  0.95298682, -0.85879725,  0.67537715]],

                [[ 0.24014811, -0.41894241, -0.00855571,  0.43483418],
                 [ 0.43001636, -0.75432657,  1.16955535, -0.42471807],
                 [ 0.6781286 , -1.87876591,  1.02969921,  0.43215107]]])
```

この配列をスライスして別の配列を作ります。

```
In [18]: nd_2 = nd_1[::, ::2, ::2]
```

このコードでは、以下が選択されます。

1. 最初に、第1次元の全要素
2. 続いて、第2次元の1つおきの要素
3. 続いて、第3次元の1つおきの要素

できた配列は、以下の通りです。

```
In [19]: print(nd_2)
Out[19]: [[[ 0.64900179 -0.97565618]
           [-0.80311258 -0.85879725]]

          [[ 0.24014811 -0.00855571]
           [ 0.6781286 1.02969921]]]
```

nd_1とnd_2のメモリアドレスが同じであることがわかります。

```
In [20]: nd_1.__array_interface__
Out[20]: {'data': (140547049888960, False),
          'descr': [('', '<f8')],
          'shape': (2, 3, 4),
          'strides': None,
          'typestr': '<f8',
```

7.1 NumPyの内部構造 | **173**

```
           'version': 3}

In [21]: nd_2.__array_interface__
Out[21]: {'data': (140547049888960, False),
          'descr': [('', '<f8')],
          'shape': (2, 2, 2),
          'strides': (96, 64, 16),
          'typestr': '<f8',
          'version': 3}
```

nd_2には、nd_1の各次元に沿ってどれだけ移動するべきかを示したストライドの情報があります。

数値計算におけるストライドの影響を印象付けるために、以下の例では配列の次元とスライスがもっと大きな場合の例を見てみましょう。

```
In [22]: nd_1 = np.random.randn(400, 600)
```

```
In [23]: nd_2 = np.random.randn(400, 600*20)[::, ::20]
```

nd_1とnd_2の各次元のサイズは同じです。

```
In [24]: print(nd_1.shape, nd_2.shape)
Out[24]: (400, 600) (400, 600)
```

では、nd_1とnd_2の配列要素の累積積の計算にかかる時間を計ってみましょう。

```
In [25]: %%timeit
         np.cumprod(nd_1)
Out[25]: 802 μs ± 20.2 μs per loop (mean ± std. dev. of 7 runs, 1000 loops each)
```

```
In [26]: %%timeit
         np.cumprod(nd_2)
Out[26]: 12 ms ± 71.7 μs per loop (mean ± std. dev. of 7 runs, 100 loops each)
```

2つの演算にかかった時間には大きな差があります。なぜでしょうか。予想がつくように、nd_2のストライドがこの問題を引き起こしています。

```
In [27]: nd_1.__array_interface__
Out[27]: {'data': (4569473024, False),
          'descr': [('', '<f8')],
          'shape': (400, 600),
          'strides': None,
          'typestr': '<f8',
```

174 | 7章　NumPy上級編

```
          'version': 3}

In [28]: nd_2.__array_interface__
Out[28]: {'data': (4603252736, False),
          'descr': [('', '<f8')],
          'shape': (400, 600),
          'strides': (96000, 160),
          'typestr': '<f8',
          'version': 3}
```

　nd_2にストライドがあるため、メモリからCPUにデータを読み出す際に、異なるメモリ位置に飛ばされてしまいます。配列要素が連続したメモリブロックとして連続的に格納されていれば、計測された時間からわかるようにこの演算はもっと速くなります。CPUのキャッシュを使用して性能を高めるには、ストライドは小さい方がよいのです。

　この例のような場合には、幸い、CPUキャッシュ絡みの問題を緩和する回避策も知られています。この目的で作られたライブラリの1つに、numexpr (https://github.com/pydata/numexpr) というNumPyの高速な数式評価ライブラリがあります。このライブラリは、メモリ使用量の効率を高める上、マルチスレッドプログラミングを助ける機能を持ち、利用可能なコアをフルに活用するのに役立ちます。

　では、これを使うとnd_2がどうなるか、以下の例で見てみましょう。

```
In [29]: import numexpr as ne

In [30]: %%timeit
         2 * nd_2 + 48
Out[30]: 4 ms ± 10.9 μs per loop (mean ± std. dev. of 7 runs, 1000 loops each)

In [31]: %%timeit
         ne.evaluate("2 * nd_2 + 48")
Out[31]: 843 μs ± 8.1 μs per loop (mean ± std. dev. of 7 runs, 1000 loops each)
```

　他の例も試して、性能がどれくらい向上するか調べてみてください。

　配列を先頭から任意の要素までインデックス付けすると、メモリアドレスは同一であることがわかります。

```
In [32]: array_x[:2].__array_interface__['data'][0]
Out[32]: 140378873611440

In [33]: array_x[:2].__array_interface__['data'][0] ==
```

```
         array_x.__array_interface__['data'][0]
Out[33]: True
```

ところが、0以外の点からインデックス付けを開始すると、メモリアドレスは別のものになります。

```
In [34]: array_x[1:].__array_interface__['data'][0]
Out[34]: 140378873611448
```

```
In [35]: array_x[1:].__array_interface__['data'][0] ==
         array_x.__array_interface__['data'][0]
Out[35]: False
```

ndarrayにはflagsというプロパティもあり、与えられたNumPy配列のメモリレイアウトに関する情報を提供してくれます。

```
In [36]: array_f = np.array([[100.12, 120.23, 130.91], [90.45, 110.32, 120.32]])
         print(array_f)
Out[36]: [[100.12 120.23 130.91]
          [ 90.45 110.32 120.32]]
```

```
In [37]: array_f.flags
Out[37]: C_CONTIGUOUS : True
         F_CONTIGUOUS : False
         OWNDATA : True
         WRITEABLE : True
         ALIGNED : True
         WRITEBACKIFCOPY : False
         UPDATEIFCOPY : False
```

個々のフラグを、辞書風の記法、もしくは小文字の属性名として取得できます。

```
In [38]: array_f.flags['C_CONTIGUOUS']
Out[38]: True
```

```
In [39]: array_f.flags.c_contiguous
Out[39]: True
```

それぞれの属性の意味は以下の通りです。

属性	説明
C_CONTIGUOUS	単一の連続したメモリブロック、C言語式
F_CONTIGUOUS	単一の連続したメモリブロック、Fortran式

データは、異なるメモリレイアウトを使って格納できます。ここでは、2つの異なるメモリレイアウトを取り上げます。C_CONTIGUOUSに対応する行優先（row major）順とF_CONTIGUOUSに対応する列優先（column major）順です。

以下の例で、array_fは2次元で、array_fの行の中身は隣接するメモリ位置に格納されます。同様に、F_CONTIGUOUSの場合は、各列の値は隣接するメモリ領域に格納されます。

一部のNumPy関数は、orderという引数で、順序が'C'なのか'F'なのかを指定します。以下の例では、reshape関数に異なる順序を指定しました。

```
In [40]: np.reshape(array_f, (3, 2), order='C')
Out[40]: array([[100.12, 120.23],
                [130.91,  90.45],
                [110.32, 120.32]])

In [41]: np.reshape(array_f, (3, 2), order='F')
Out[41]: array([[100.12, 110.32],
                [ 90.45, 130.91],
                [120.23, 120.32]])
```

他にも以下の属性があります。

属性	説明
OWNDATA	配列がメモリブロックを他のオブジェクトと共有するか、単独で所有するか
WRITEABLE	Falseなら読み出し専用、そうでなければこの領域には書き込み可
ALIGNED	データがハードウェアにアラインしているか
WRITEBACKIFCOPY	配列が別の配列のコピーか否か
UPDATEIFCOPY	非推奨。WRITEBACKIFCOPYを使うこと

メモリ管理は性能に影響するので、理解しておくことが重要です。計算速度は、計算の実行方法によって変わります。例えば、計算の一部で既存の配列のコピーが使われていることに気付かないせいで、計算速度が落ちてしまうことがあるかもしれません。

以下のコードブロックの最初の例ではコピーは不要ですが、2つ目の例では暗黙のコピー演算が行われています。

```
In [42]: shape = (400,400,400)
         array_x = np.random.random_sample(shape)

In [43]: import cProfile
         import re
```

```
        cProfile.run('array_x *= 2')

Out[43]:        3 function calls in 0.065 seconds

        Ordered by: standard name

        ncalls  tottime  percall  cumtime  percall filename:lineno(function)
             1    0.065    0.065    0.065    0.065 <string>:1(<module>)
             1    0.000    0.000    0.065    0.065 {built-in method builtins.exec}
             1    0.000    0.000    0.000    0.000 {method 'disable' of '_lsprof.Profiler'
objects}

In [44]: import cProfile
         import re

         cProfile.run('array_y = array_x * 2')

Out[44]:        3 function calls in 0.318 seconds

        Ordered by: standard name

        ncalls  tottime  percall  cumtime  percall filename:lineno(function)
             1    0.318    0.318    0.318    0.318 <string>:1(<module>)
             1    0.000    0.000    0.318    0.318 {built-in method builtins.exec}
             1    0.000    0.000    0.000    0.000 {method 'disable' of
'_lsprof.Profiler' objects}
```

　2つ目の例の実行時間は最初の例の5倍です。暗黙のコピー演算に注意して、それが起きる状況を熟知しておきましょう。行列の転置を除き、配列の形状変換には暗黙のコピーは使われません。

　多くの配列演算では、結果として新しい配列が返されます。これは予期される動作ですが、反復回数が数百万や数億に及ぶタスクでは、性能に悪影響が出ます。一部のNumPy関数には、反復処理の結果を書き込む出力配列を作成する引数があります。この方法をとると、プログラムのメモリ管理が向上し、計算時間も短縮されます。

```
In [45]: shape_x = (8000,3000)
         array_x = np.random.random_sample(shape_x)

In [46]: %%timeit
         np.cumprod(array_x)
Out[46]: 176 ms ± 2.32 ms per loop (mean ± std. dev. of 7 runs, 10 loops each)
```

178 | 7章　NumPy上級編

output_arrayの型と次元は、演算の出力として予期されるものと同じにします。

```
In [47]: output_array = np.zeros(array_x.shape[0] * array_x.shape[1])

In [48]: %%timeit
         np.cumprod(array_x, out=output_array)
Out[48]: 86.4 ms ± 1.21 ms per loop (mean ± std. dev. of 7 runs, 10 loops each)
```

7.1.2　NumPyのコードをプロファイリングして性能を理解する

任意のPythonスクリプトの性能指標を監視するのに役立つライブラリが2つあります。cProfileライブラリの使い方は既に見ています。本節では、vprofというビジュアルプロファイラライブラリを紹介します[*1]。

vprofは、任意のPythonプログラムの実行時統計量情報とメモリ使用量を知らせてくれます。

ここでは「**5章　NumPyで卸業者の顧客をクラスタ分析する**」で取り上げた1次元のクラスタリング関数を使います。以下のコード片を**to_be_profiled.py**という名前のファイルに保存してください。

```python
In [49]: import numpy as np

         X = np.array([1,2,3,2,1,3,9,8,11,12,10,11,14,25,26,24,30,22,24,27])

         n_clusters = 3

         def Kmeans_1D(X, n_clusters, random_seed=442):

             # Randomly choose random indexes as cluster centers
             rng = np.random.RandomState(random_seed)
             i = rng.permutation(X.shape[0])[:n_clusters]
             c_centers = X[i]

             # Calculate distances between each point and cluster centers
             deltas = np.array([np.abs(point - c_centers) for point in X])

             # Get labels for each point
             labels = deltas.argmin(1)

             while True:
```

> クラスタ重心として、ランダムなインデックスを無作為に選ぶ

> 各点とクラスタ重心の間の距離を計算

> 各点のラベルを取得する

[*1]　訳注：$ pip install vprofでインストールしておく必要があります。

7.1 NumPyの内部構造 | **179**

```python
    # Calculate mean of each cluster          各クラスタの平均を計算
    new_c_centers = np.array([X[np.where(deltas.argmin(1) == i)[0]].mean() for i in
range(n_clusters)])

    # Calculate distances again               再度距離を計算
    deltas = np.array([np.abs(point - new_c_centers) for point in X])

    # Get new labels for each point           各点の新しいラベルを取得
    labels = deltas.argmin(1)

    # If there's no change in centers, exit   重心に変更がなければ終了
    if np.all(c_centers == new_c_centers):
        break
    c_centers = new_c_centers

    return c_centers, labels

c_centers, labels = Kmeans_1D(X, 3)

print(c_centers, labels)
```

このファイルを保存したら、コマンド行でプロファイリングを開始できます。

vprofは、4通りの設定の仕方で可能で、それぞれ以下の出力が得られます。

設定	出力
vprof -c c to_be_profiled.py	CPUフレームグラフ
vprof -c p to_be_profiled.py	組み込みのプロファイラ統計
vprof -c m to_be_profiled.py	Cpython Garbage Collectorが追跡したオブジェクトのメモリグラフを表示し、プログラムの各行が実行されたらメモリを処理する
vprof -c h to_be_profiled.py	コードヒートマップにおける各行の実行時間と実行回数

　上記の4つの設定は、単一のソースファイルにも、パッケージにも使えます。では、p、m、hを設定した場合の出力をそれぞれ見てみましょう。

　プロファイラを実行する設定は以下の通りです。

```
$ vprof -c p to_be_profiled.py
Running Profiler...
[10.71428571 25.42857143 2. ] [2 2 2 2 2 2 0 0 0 0 0 0 1 1 1 1 1 1 1]
Starting HTTP server...
```

ブラウザの新しいタブが開いて以下の出力が表示されます。

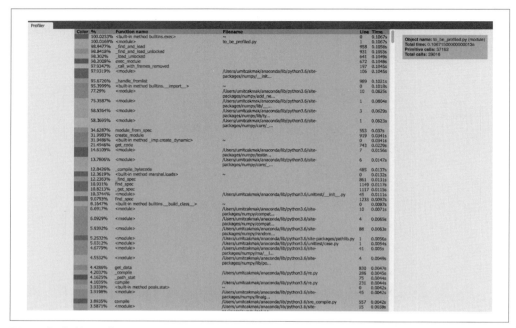

図7-2　各呼び出しに費やした時間

　ファイル名、関数名、行番号、各呼び出しに費やした時間が表示されます。メモリグラフを表示する設定は、以下の通りです。

```
$ vprof -c m to_be_profiled.py
Running MemoryProfiler...
[10.71428571 25.42857143 2. ] [2 2 2 2 2 2 0 0 0 0 0 0 1 1 1 1 1 1 1]
Starting HTTP server...
```

ブラウザの新しいタブが開いて以下の出力が表示されます。

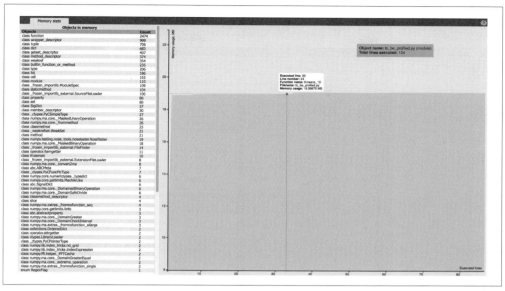

図7-3 メモリ使用量

　左側にはメモリにあるオブジェクトが、グラフには実行された行数が増えるに従ってメモリ使用量がメガバイト単位で表示されます。マウスポインタをグラフの上にかざすと、どの点にも以下の情報が存在します。

- 実行された行
- 行番号
- 関数名
- ファイル名
- メモリ使用量

　例えば、`to_be_profiled.py`ファイルの27行目は、以下の行で、`deltas`を計算します。

　　`deltas = np.array([np.abs(point - new_c_centers) for point in X])`

これは、グラフを見るとわかるようにリストの内包表記なので、何度も実行されています。
コードヒートマップ用の設定は以下の通りです。

```
$ vprof -c h to_be_profiled.py
Running CodeHeatmapProfiler...
[10.71428571 25.42857143 2. ] [2 2 2 2 2 2 0 0 0 0 0 0 1 1 1 1 1 1 1]
Starting HTTP server...
```

ブラウザの新しいタブが開いて以下の出力が表示されます。

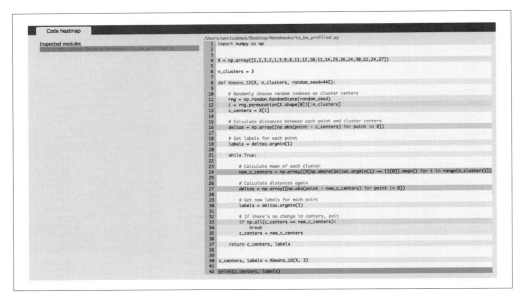

図7-4 実行された行のヒートマップ

左側には検査したモジュールのリストがあり、この例では検査対象のファイルは1つだけです。

右側には、プログラム中の全行のヒートマップが表示されます。行の上にマウスポインタをかざすと、以下の情報が表示されます。

- かかった時間
- 総実行時間
- パーセンテージ
- 実行回数

マウスポインタを27行目にかざすと、以下の統計情報が表示されます。

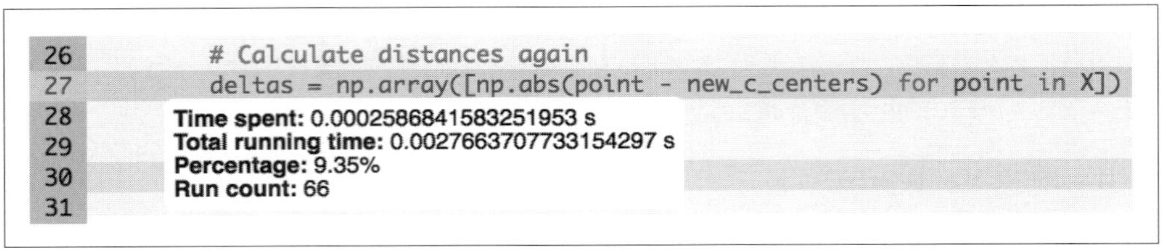

図7-5 マウスオーバーで表示される統計情報

7.2　7章のまとめ

　NumPyの内部構造を理解しておくことは、科学技術演算を扱う場合には極めて重要になります。現在の多くの科学技術計算は、コンピュータ集約型かつメモリ集約型の構造だからです。このため、効率的にコードを書かないと計算に無駄な時間がかかり、研究開発の計画に狂いが生じてしまいます。

　本章では、NumPyライブラリの内部構造と性能の側面の一部に着目しました。また、Pythonプログラムの性能の検査に役立つvprofライブラリについても学びました。

　コードのプロファイリングは、プログラムを1行ずつ検査するのを手助けしてくれます。また、本章で見たように、同じデータを別の角度から見ることもできます。一旦自分のプログラムの最も要求が厳しい部分を見つけたら、性能を向上させ、さらに時間を節約できる、より効率のよい方法や実装を追求できます。

　次章では、さらに高性能な低レベルでマシン語に近い数値計算ライブラリの概要を説明します。これらの実装を使うことでNumPyの性能はかなり向上します。

Ⅱ部

8章
高性能計算ライブラリの手引き

　科学技術計算に使用できる数値演算は多数ありますが、最適化されていないコードやライブラリを不用意に採用してしまうと、重大な性能上のボトルネックの原因となります。

　NumPyライブラリは、メモリレイアウトをより効率的に使えば、Pythonのプログラムの性能向上に大きく貢献できます。

　線形代数は、実社会で最も広く応用されている数学の一分野です。線形代数を利用するのは、コンピュータグラフィックス、暗号、計量経済学、機械学習、ディープラーニング、自然言語処理などですが、これらはほんの一部にすぎません。効率のよい行列演算やベクトル演算を活用することで、性能に大きな差が出ます。

　Netlibライブラリの一部で、高密度線形代数演算に使われている、BLAS、LAPACK、ATLASなどの高性能で低レベルなフレームワークや、それ以外のIntel MKLなどのフレームワークも用意されており、自分で書くプログラムの中で手軽に活用できます。これらのライブラリは、非常に効率的な上、計算が高精度で行われます。プロが手がけたこれらのライブラリは、PythonやC++などの他の高レベルプログラミング言語からも呼び出して使えます。

　例えば、NumPyを別のBLASライブラリにリンクするだけで、コードをいじらずに性能の違いを観察できるので、どのBLASライブラリにリンクした場合に性能が向上するのかを理解していくことができ、長い目で見ても重要です。

　では、今述べたような低レベルライブラリから見ていきましょう。

8.1　BLASとLAPACK

　BLASはBasic Linear Algebra Subprogramsの略称で、線形代数演算を行う低レベルルーチンのライブラリの標準となっています。低レベルルーチンは、ベクトルと行列の加算と乗算、線形結合などの演算を含みます。BLASは、線形代数演算を3つのレベルに分類して提供します。

- **BLAS1**: スカラーとベクトル、ベクトルとベクトルの演算
- **BLAS2**: 行列とベクトルの演算
- **BLAS3**: 行列と行列の演算

LAPACKはLinear Algebra Packageの略称で、BLASよりも高度な演算を含んでいます。LAPACKには、LU分解、コレスキー分解、QR分解などの行列の分解を行うルーチンや、固有値問題を解くルーチンも含まれています。LAPACKのルーチンのほとんどがBLASのルーチンに依存しています。

8.2 ATLAS

最適化されたBLASの実装は多数存在します。**ATLAS**は**Automatically Tuned Linear Algebra Software**の略称で、最適化されたBLASの実装を生成する、プラットフォームに依存しないプロジェクトです。

8.3 Intel Math Kernel Library

Intel MKL（Math Kernel Library）には、Intelプロセッサ用に最適化されたBLASなどのルーチンが含まれています。レベル1、2、3のBLAS、LAPACKのルーチン、ソルバ、FFT関連の関数に加え、その他の数学や統計の関数などが改良されています。改良されたルーチンや関数は、共有メモリマルチプロセッシングなどの改善の恩恵を受け、AnacondaディストリビューションのNumPyやSciPyなどの科学技術Pythonライブラリの高速化にも使われています。リリースノート（https://software.intel.com/en-us/articles/intel-math-kernel-library-release-notes-and-new-features）を見れば、各リリースでLAPACKに含まれる関数の性能向上などを含む複数の重要な改良が加えられていることがわかります。

8.4 OpenBLAS

OpenBLASは、さらに別の改良版BLASライブラリで、レベル3のBLASルーチンを設定別に最適化したものを提供しています。OpenBLASの著者らは、BLASと比較した性能の向上や改善が、Intel MKLのそれに匹敵すると報告しています。

8.5 AWS EC2上でNumPyを低レベルライブラリを変えて構築する

1. AWSにログインします。アカウントがない場合には作成します。

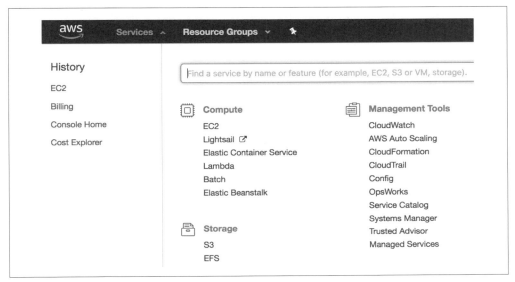

図8-1　AWSのログイン画面

2. ［EC2］を選択します。
3. ［Launch Instance］をクリックします。

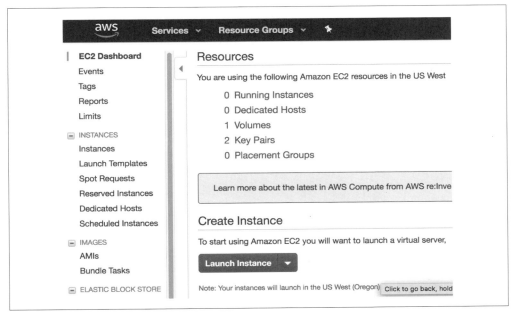

図8-2　EC2選択で表示される画面

4. ［Ubuntu Server 18.04 LTS (HVM), SSD Volume Type - ami-0eeb679d57500a06c］を選択します。

図8-3　OS選択で表示される画面

5. インスタンスタイプは［t2.micro］を選択します。

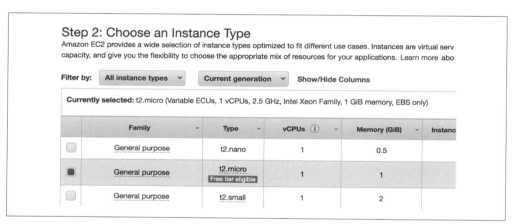

図8-4　インスタンスタイプを選択

6. ［Review and Launch］をクリックします。

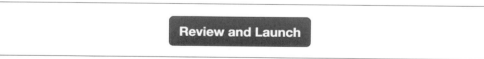

図8-5　Review and Launchボタン

7. ［Launch］をクリックします。
8. ［Create a new key pair］を選択します。

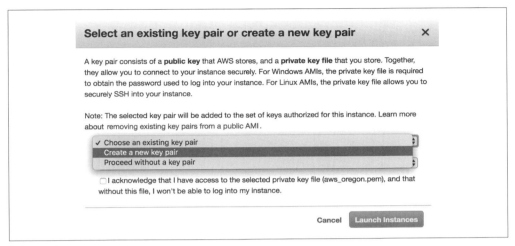

図8-6 キーペア選択画面

9. 名前を付けて［Launch Instances］をクリックします。実行されるまでしばらく待ちましょう。

図8-7 ［Launch Instances］をクリックするとしばらくこの画面が表示される

10. ステータスがrunningになったら、［Instance ID］をクリックします。この場合は［i-00ccaeca61a24e042］です。続いて、インスタンスを選択して［Connect］をクリックします。

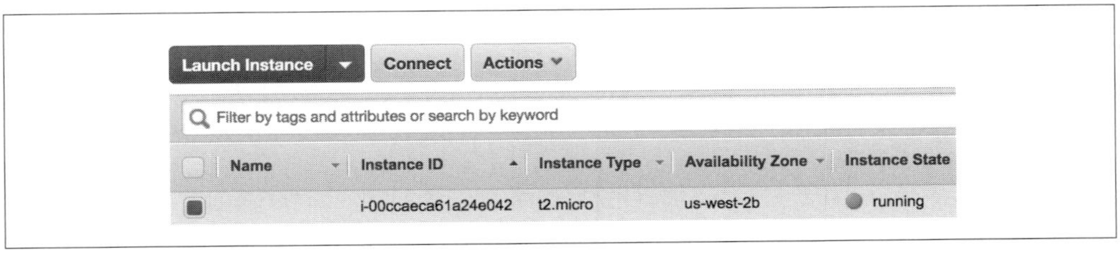

図8-8 しばらくすると図8-7からこの画面に代わる

11. 以下のような、有益な情報が記されたウィンドウが表示されます。

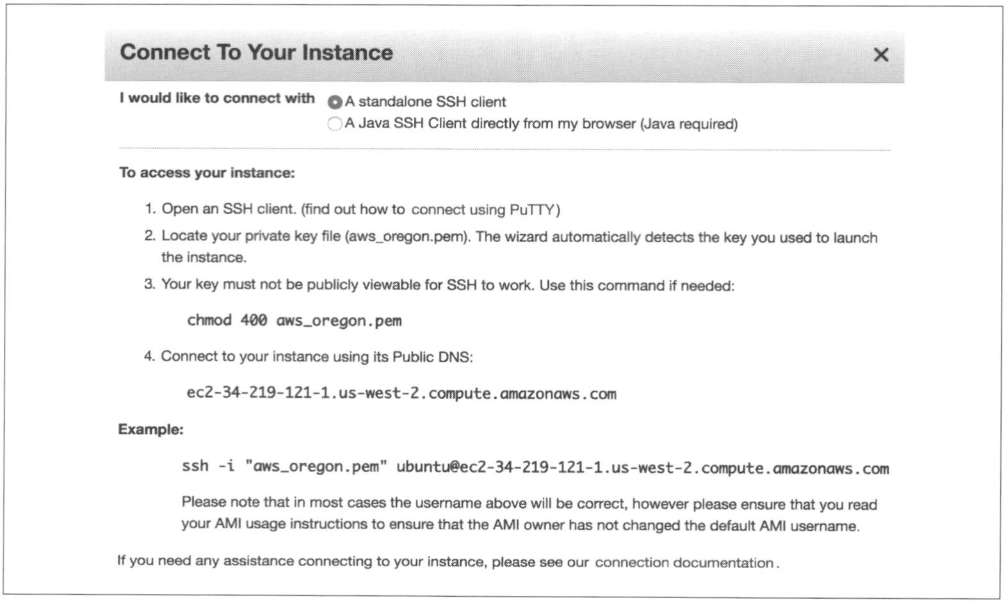

192 | 8章　高性能計算ライブラリの手引き

Connect To Your Instance　　　　　　　　　　　　　　　　　　　　×

I would like to connect with　◉ A standalone SSH client
　　　　　　　　　　　　　　　　　○ A Java SSH Client directly from my browser (Java required)

To access your instance:

1. Open an SSH client. (find out how to connect using PuTTY)
2. Locate your private key file (aws_oregon.pem). The wizard automatically detects the key you used to launch the instance.
3. Your key must not be publicly viewable for SSH to work. Use this command if needed:

　　　chmod 400 aws_oregon.pem

4. Connect to your instance using its Public DNS:

　　　ec2-34-219-121-1.us-west-2.compute.amazonaws.com

Example:

　　　ssh -i "aws_oregon.pem" ubuntu@ec2-34-219-121-1.us-west-2.compute.amazonaws.com

　　　Please note that in most cases the username above will be correct, however please ensure that you read your AMI usage instructions to ensure that the AMI owner has not changed the default AMI username.

If you need any assistance connecting to your instance, please see our connection documentation.

図8-9　［Connect］をクリックすると、インスタンスの情報が表示される

12. ターミナルを開いて、生成したキーを保存したフォルダに移動します。キーは190ページの手順8.「［Create a new key pair］を選択します。」で指定した名前になります。この例でのキーの名前はaws_oregonです。以下のコマンドを実行します。

```
$ chmod 400 aws_oregon.pem
```

13. 続いて、上のウィンドウの Example: 以下の行をコピーし、実行します。

```
$ ssh -i "aws_oregon.pem" ubuntu@ec2-34-219-121-1.us-west-2.compute.amazonaws.com
```

14. 最初の質問にyesと答えて、既知のホスト名に追加します。すると、自分のインスタンスにつながります。

```
The authenticity of host 'ec2-34-219-121-1.us-west-2.compute.amazonaws.com (34.219.121.1)'
can't be established.
ECDSA key fingerprint is SHA256:Mhxlf76E7CmSlNH52X4ls2EKeujAYYh4NETAfju9+cA.
Are you sure you want to continue connecting (yes/no)? yes
Warning: Permanently added 'ec2-34-219-121-1.us-west-2.compute.amazonaws.com,34.219.121.1'
(ECDSA) to the list of known hosts.
Welcome to Ubuntu 16.04.4 LTS (GNU/Linux 4.4.0-1060-aws x86_64)

 * Documentation:  https://help.ubuntu.com
```

8.5 AWS EC2上でNumPyを低レベルライブラリを変えて構築する | **193**

```
* Management:      https://landscape.canonical.com
* Support:         https://ubuntu.com/advantage

  Get cloud support with Ubuntu Advantage Cloud Guest:
    http://www.ubuntu.com/business/services/cloud

0 packages can be updated.
0 updates are security updates.



The programs included with the Ubuntu system are free software;
the exact distribution terms for each program are described in the
individual files in /usr/share/doc/*/copyright.

Ubuntu comes with ABSOLUTELY NO WARRANTY, to the extent permitted by
applicable law.

To run a command as administrator (user "root"), use "sudo <command>".
See "man sudo_root" for details.

ubuntu@ip-172-31-21-32:~$
```

　まず最初に、以下のコマンドを実行して、プリインストールパッケージの更新とアップグレードを行いましょう。

```
sudo apt-get update
sudo apt-get upgrade
```

　sudoコマンドは、更新とアップグレードに必要な権限を一般ユーザに与えてくれます。ソフトウェアパッケージの変更はシステムに悪影響を与えるおそれがあるので、誰でも承認できるようになっていてはいけません。apt-getは、Ubuntuのパッケージマネージャと捉えてください。

　異なる低レベルライブラリとリンクした仮想環境をいくつも構築することは可能ですが、ここでは、NumPyを新たな低レベルライブラリとリンクさせて構築するたびに、新たにプロビジョンされたインスタンスから始めます。これにより、環境構築の過程の見当がつくので、後から自分で仮想環境を構築する際に楽になります。

8.5.1 BLASとLAPACKのインストール

　開発環境を構築するには、コンパイラやライブラリなどの必要なパッケージをインストールする必要

があります。その前に以下のコマンドを実行します。

```
$ sudo apt-get update
$ sudo apt-get upgrade
```

幸い、ここで行う構築は簡単にできます。以下のコマンドを実行してPythonのSciPyパッケージをインストールすれば、SciPyが自身が必要とするパッケージ、例えばNumPy、BLAS (libblas3)、LAPACK (liblapack3)などをすべてインストールしてくれるからです。

```
$ sudo apt-get install python3-scipy
```

コンソールの出力は以下の通りです。

```
ubuntu@ip-172-31-21-32:/$ sudo apt-get install python3-scipy
Reading package lists ... Done
Building dependency tree
Reading state information ... Done
The following additional packages will be installed:
  binutils cpp cpp-5 g++ g++-5 gee gcc-5 libasan2 libatomicl libblas-common libblas3 libc-dev-
  bin libc6-dev libccl-0 libcilkrts5
  libgcc-5-dev libgfortran3 libgompl libisl15 libitml liblapack3 liblsano libmpc3 libmpx0
  libquadmath0 libstdc++-5-dev libtsano
  libubsano linux-libc-dev manpages-dev python3-decorator python3-numpy
Suggested packages:
  binutils-doc cpp-doc gcc-5-locales g++-multilib g++-5-multilib gcc-5-doc libstdc++6-5-dbg gcc-
  multilib make autoconf automake
  libtool flex bison gdb gee-doc gcc-5-multilib libgccl-dbg libgompl-dbg libitml-dbg libatomicl-
  dbg libasanZ-dbg liblsan0-dbg
  libtsan0-dbg libubsano-dbg libcilkrts5-dbg libmpx0-dbg libquadmath0-dbg glibc-doc libstdc++-5-
  doc gfortran python-numpy-doc
  python3-dev python3-nose python3-numpy-dbg python-scipy-doc
The following NEW packages will be installed:
  binutils cpp cpp-5 g++ g++-5 gee gcc-5 libasanZ libatomicl libblas-common libblas3 libc-dev-
  bin libc6-dev libccl-0 libcilkrts5
  libgcc-5-dev libgfortran3 libgompl libisl15 libitml liblapack3 liblsano libmpc3 libmpx0
  libquadmath0 libstdc++-5-dev libtsano
  libubsano linux-libc-dev manpages-dev python3-decorator python3-numpy python3-scipy
0 upgraded, 33 newly installed, 0 to remove and 0 not upgraded.
Need to get 49.8 MB of archives.
```

1. Yを入力し［Enter］を押して続行します。インストールが完了したら、以下のコマンドを実行して
   python3のインタプリタを開きます。

8.5 AWS EC2上でNumPyを低レベルライブラリを変えて構築する | **195**

```
$ python3
```

Pythonのコンソールを起動します。

```
ubuntu@ip-172-31-21-32:~$ python3
Python 3.5.2 (default, Nov 23 2017, 16:37:01)
[GCC 5.4.0 20160609] on linux
Type "help", "copyright", "credits" or "license" for more information.
>>>
```

2. numpyをインポートして、show_configメソッドを用いてNumPyの設定を確認します。コンソールの出力は以下の通りです。

```
>>> import numpy as np
>>> np.show_config()
openblas_lapack_info:
  NOT AVAILABLE
atlas_3_10_blas_threads_info:
  NOT AVAILABLE
atlas_blas_info:
  NOT AVAILABLE
atlas_threads_info:
  NOT AVAILABLE
atlas_3_10_info:
  NOT AVAILABLE
lapack_info:
    language= f77
    libraries= ['lapack', 'lapack']
    library_dirs = ['/usr/lib']
atlas_blas_threads_info:
  NOT AVAILABLE
blas_info:
    language= c
    libraries= ['blas', 'blas']
    library_dirs = ['/usr/lib']
    define_macros = [('HAVE_CBLAS', None)]
lapack_opt_info:
    define_macros = [('NO_ATLAS_INFO', 1), ('HAVE_CBLAS', None)]
    libraries= ['lapack', 'lapack', 'blas', 'blas']
    library_dirs = ['/usr/lib']
    language= c
atlas_info:
```

196 | 8章　高性能計算ライブラリの手引き

```
        NOT AVAILABLE
    openblas_info:
      NOT AVAILABLE
    blas_opt_info:
        define_macros = [('NO_ATLAS_INFO', 1), ('HAVE_CBLAS', None)]
        libraries= ['blas', 'blas']
        library_dirs = ['/usr/lib']
        language= c
    lapack_mkl_info:
      NOT AVAILABLE
    atlas_3_10_blas_info:
      NOT AVAILABLE
    mkl_info:
      NOT AVAILABLE
    blas_mkl_info:
      NOT AVAILABLE
    atlas_3_10_threads_info:
      NOT AVAILABLE
```

3. BLASとLAPACKの両ライブラリはNumPyのインストール時に利用可能だったので、NumPy
   はこれらを使ってライブラリを構築しました。`lapack_info`と`blas_info`の表示箇所でそれぞれ
   を確認できますね。NumPyのインストール時に利用可能ではない場合には、以下のスクリーン
   ショットのように出力に表示されません。

```
>>> import numpy as np
>>> np.show_config()
lapack_info:
  NOT AVAILABLE
openblas_lapack_info:
  NOT AVAILABLE
lapack_src_info:
  NOT AVAILABLE
lapack_opt_info:
  NOT AVAILABLE
atlas_3_10_threads_info:
  NOT AVAILABLE
blas_opt_info:
  NOT AVAILABLE
atlas_3_10_blas_info:
  NOT AVAILABLE
atlas_3_10_info:
```

```
    NOT AVAILABLE
atlas_info:
    NOT AVAILABLE
atlas_3_10_blas_threads_info:
    NOT AVAILABLE
blis_info:
    NOT AVAILABLE
blas_src_info:
    NOT AVAILABLE
openblas_clapack_info:
    NOT AVAILABLE
blas_mkl_info:
    NOT AVAILABLE
lapack_mkl_info:
    NOT AVAILABLE
blas_info:
    NOT AVAILABLE
atlas_threads_info:
    NOT AVAILABLE
openblas_info:
    NOT AVAILABLE
atlas_blas_threads_info:
    NOT AVAILABLE
accelerate_info:
    NOT AVAILABLE
atlas_blas_info:
    NOT AVAILABLE
```

4. macOSを使っている場合には、Accelerate/vecLibフレームワークが利用できます。以下のコマンドで、macOSシステムのアクセラレータのオプションが表示されます。

```
>>> import numpy as np
>>> np.show_config()
blas_mkl_info:
    NOT AVAILABLE
blis_info:
    NOT AVAILABLE
openblas_info:
    NOT AVAILABLE
atlas_3_10_blas_threads_info:
    NOT AVAILABLE
atlas_3_10_blas_info:
```

```
      NOT AVAILABLE
atlas_blas_threads_info:
   NOT AVAILABLE
atlas_blas_info:
   NOT AVAILABLE
blas_opt_info:
    extra_compile_args = ['-msse3', '-I/System/Library/Frameworks/vecLib.framework/Headers']
    extra_link_args = ['-Wl,-framework', '-Wl,Accelerate']
    define_macros = [('NO_ATLAS_INFO', 3), ('HAVE_CBLAS', None)]
lapack_mkl_info:
   NOT AVAILABLE
openblas_lapack_info:
   NOT AVAILABLE
openblas_clapack_info:
   NOT AVAILABLE
atlas_3_10_threads_info:
   NOT AVAILABLE
atlas_3_10_info:
   NOT AVAILABLE
atlas_threads_info:
   NOT AVAILABLE
atlas_info:
   NOT AVAILABLE
lapack_opt_info:
    extra_compile_args = ['-msse3']
    extra_link_args = ['-Wl,-framework', '-Wl,Accelerate']
    define_macros = [('NO_ATLAS_INFO', 3), ('HAVE_CBLAS', None)]
```

8.5.2　OpenBLASのインストール

OpenBLASのインストールは、以下に示すように、いままでとは若干異なる手順で行います。

1. 前出の環境設定と同じく以下のコマンドを実行します。

   ```
   $ sudo apt-get update
   $ sudo apt-get upgrade
   ```

2. build-essentialをインストールします。これにはmakeコマンドや他の必要なライブラリ群が含まれています。以下のコマンドを実行してインストールします。

   ```
   $ sudo apt-get install build-essential libc6 gcc gfortran
   ```

3. openblas_setup.sh (https://github.com/shivaram/matrix-bench/blob/master/build-openblas-

ec2-usr-lib.sh）というファイルを作成して、以下の内容をペーストします。GitHubを検索すれば様々な設定用スクリプトが見つかるので、自分の用途に合うものを試してみるとよいでしょう。

```bash
#!/bin/bash

set -e

pushd /root
git clone https://github.com/xianyi/OpenBLAS.git

pushd /root/OpenBLAS
  make clean
  make -j4

  rm -rf /root/openblas-install
  make install PREFIX=/root/openblas-install

popd

ln -sf /root/openblas-install/lib/libopenblas.so
/usr/lib/libblas.so
ln -sf /root/openblas-install/lib/libopenblas.so
/usr/lib/libblas.so.3
ln -sf /root/openblas-install/lib/libopenblas.so
/usr/lib/liblapack.so.3
```

4. ファイルを保存して、以下のコマンドを実行します。

```
$ chmod +777 openblas_setup.sh
$ sudo ./openblas_setup.sh
```

5. インストールが完了したら、NumPyとSciPyを以下のようにインストールできます。

```
$ sudo apt-get install python3-pip
$ pip3 install numpy
$ pip3 install scipy
```

6. これで、前出のようにNumPyの設定を確認できます。

```
Python 3.5.2 (default, Nov 23 2017, 16:37:01)
[GCC 5.4.0 20160609] on linux
Type "help", "copyright", "credits" or "license" for more information.
>>> import numpy as np
```

200 | 8章　高性能計算ライブラリの手引き

```
>>> np.show_config()
blis_info:
  NOT AVAILABLE
lapack_mkl_info:
  NOT AVAILABLE
blas_mkl_info:
  NOT AVAILABLE
blas_opt_info:
    language= c
    libraries= ['openblas', 'openblas']
    define_macros = [('HAVE_CBLAS', None)]
    library_dirs = ['/usr/local/lib']
openblas_info:
    language= c
    libraries= ['openblas', 'openblas']
    define_macros = [('HAVE_CBLAS', None)]
    library_dirs = ['/usr/local/lib']
openblas_lapack_info:
    language= c
    libraries= ['openblas', 'openblas']
    define_macros = [('HAVE_CBLAS', None)]
    library_dirs = ['/usr/local/lib']
lapack_opt_info:
    language= c
    libraries= ['openblas', 'openblas']
    define_macros = [('HAVE_CBLAS', None)]
    library_dirs = ['/usr/local/lib']
```

8.5.3　Intel MKLのインストール

Intel MKLを使用するようにNumPyとSciPyを構築するには、以下の手順で行います。

1. 以下のコマンドを実行します。

   ```
   $ sudo apt-get update
   $ sudo apt-get upgrade
   ```

2. AnacondaディストリビューションにはIntel MKLが含まれているので、Anacondaディストリ
   ビューションをインストールします。まずは以下のコマンドでAnacondaをダウンロードします。

   ```
   $ wget https://repo.continuum.io/archive/Anaconda3-5.2.0-Linux-x86_64.sh
   ```

3. インストールが完了したら、anaconda3/binにcdしてpythonを実行します。

8.5 AWS EC2上でNumPyを低レベルライブラリを変えて構築する | **201**

```
$ cd anaconda3/bin
$ ./python
```

4. これで、前出のようにNumPyの設定を確認できます。

```
ubuntu@ip-172-31-22-134:~/anaconda3/bin$ ./python
Python 3.6.5 IAnaconda, Inc. I (default, Apr 29 2018, 16:14:56)
[GCC 7.2.0] on linux
Type "help", "copyright", "credits" or "license" for more information.
>>> import numpy as np
>>> np.show_config()
mkl_info:
    libraries= ['mkl_rt', 'pthread']
    library_dirs = ['/home/ubuntu/anaconda3/lib']
    define_macros = [('SCIPY_MKL_H', None), ('HAVE_CBLAS', None)]
    include_dirs = ['/home/ubuntu/anaconda3/include']
blas_mkl_info:
    libraries= ['mkl_rt', 'pthread']
    library_dirs = ['/home/ubuntu/anaconda3/lib']
    define_macros = [('SCIPY_MKL_H', None), ('HAVE_CBLAS', None)]
    include_dirs = ['/home/ubuntu/anaconda3/include']
blas_opt_info:
    libraries= ['mkl_rt', 'pthread']
    library_dirs = ['/home/ubuntu/anaconda3/lib']
    define_macros = [('SCIPY_MKL_H', None), ('HAVE_CBLAS', None)]
    include_dirs = ['/home/ubuntu/anaconda3/include']
lapack_mkl_info:
    libraries= ['mkl_rt', 'pthread']
    library_dirs = ['/home/ubuntu/anaconda3/lib']
    define_macros = [('SCIPY_MKL_H', None), ('HAVE_CBLAS', None)]
    include_dirs = ['/home/ubuntu/anaconda3/include']
lapack_opt_info:
    libraries= ['mkl_rt', 'pthread']
    library_dirs = ['/home/ubuntu/anaconda3/lib']
    define_macros = [('SCIPY_MKL_H', None), ('HAVE_CBLAS', None)]
    include dirs = ['/home/ubuntu/anaconda3/include']
```

8.5.4 ATLASのインストール

ATLASを使用するようにNumPyを構築するには、以下の手順を踏んでください。

1. 以下のコマンドを実行します。

```
$ sudo apt-get update
$ sudo apt-get upgrade
```

2. build-essentialをインストールします。これにはmakeコマンドや他の必要なライブラリが含まれています。以下のコマンドでインストールします。

```
$ sudo apt-get install build-essential libc6 gcc gfortran
```

3. 続いて、atlasを以下のようにインストールします。

```
$ sudo apt-get install libatlas-base-dev
```

4. ここで、以下のようにpipとnumpyをインストールします。

```
$ sudo apt-get install python3-pip
$ pip3 install --no-cache-dir Cython
$ git clone https://github.com/numpy/numpy.git
$ cd numpy
$ cp site.cfg.example site.cfg
$ vi site.cfg
```

site.cfg中のatlasに関する行をコメントアウトして、各自のatlasのインストールに合わせて以下のように設定します。

```
[atlas]
library_dirs = /usr/local/atlas/lib
include_dirs = /usr/local/atlas/include
```

続いて以下のコマンドを実行します。

```
$ sudo python3 setup.py install
```

5. インストールが完了したら、続いてscipyをインストールします。

```
$ pip3 install scipy
```

ホームディレクトリに戻り、pythonインタプリタを開いて、以下のようにnumpyの設定を確認します。出力は以下の通りです。

```
>>> import numpy as np
>>> np.show_config()
atlas_blas_info:
  include_dirs = ['/usr/include/atlas']
  language = c
```

```
library_dirs = ['/usr/lib/atlas-base']
define_macros = [('HAVE_CBLAS', None), ('ATLAS_INFO', '"\\"3.10.2\\""')]
libraries = ['f77blas', 'cblas', 'atlas', 'f77blas', 'cblas']
...
```

これで、取り上げたすべての低レベルライブラリを使用した構築手順の解説が済みました。次は、ベンチマーク用の計算集約的な（いわゆる「重い」）タスクの説明をします。

8.6　ベンチマークテスト用の計算集約的タスク

ここまでくれば、ベンチマークテストを行って、BLAS/LAPACK、OpenBLAS、ATLAS、Intel MKLなどを入れたり入れなかったりといった様々な設定で構築したNumPyの性能が測定できます。では、ベンチマークテストで試すのによい計算を総括してみましょう。

8.6.1　行列の分解

行列の分解は、行列を複数の行列の積の形に変換することで、計算負荷の高い行列演算を単純化するものです。具体的には、行列を、掛け合わせると元の行列に等しくなる、より単純な複数の行列に分解します。行列の分解の手法には、特異値分解（SVD）、固有値分解、コレスキー分解、LU分解、QR分解などがあります。

8.6.2　特異値分解（SVD）

SVDは、線形代数の特に便利な道具の1つです。SVDの使用に関して、BeltramiとJordanにより論文が複数執筆されています。SVDは、コンピュータビジョンや信号処理など、様々な分野で応用されています。

正方行列および矩形行列（M）は、行列（U）、行列（V）（実際の計算では行列の転置を利用して）および特異値（d）に分解できます。

最終的な式は以下のようになります。

$$M = U_1 d_1 V_1^T + \cdots + U_n d_n V_n^T$$

特異値分解の概念図を以下に示します。

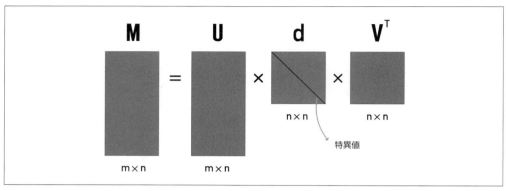

図8-10 特異値分解

データを減らす単純な方法は、この式のうち、dの要素の値が無視できるほど小さい部分を除くことです。

では、numpyを使って実装してみましょう。

```
In [1]: import numpy as np
        M = np.random.randint(low=0, high=20, size=20).reshape(4,5)

In [2]: print(M)
Out[2]: [[18 15 11 13 19]
         [ 1  6  8 13 18]
         [ 9  7 15 13 10]
         [17 15 12 14 12]]

In [3]: U, d, VT = np.linalg.svd(M)
In [4]: print("U:n {}".format(U))
        print("d:n {}".format(d))
        print("VT:n {}".format(VT))

Out[4]: U:
         [[-0.60773852 -0.22318957  0.5276743  -0.54990921]
          [-0.38123886  0.86738201  0.19333528  0.25480749]
          [-0.42657252  0.10181457 -0.82343563 -0.36003255]
          [-0.55076919 -0.43297652 -0.07832665  0.70925987]]
        d:
         [56.31276456 13.15721839  8.08763849  2.51997135]
        VT:
         [[-0.43547429 -0.40223663 -0.40386674 -0.46371223 -0.52002929]
          [-0.72920427 -0.29835313  0.06197899  0.27638212  0.54682545]
```

```
 [ 0.11733943  0.26412864 -0.73449806 -0.30022507  0.53557916]
 [-0.32795351  0.55511623 -0.3571117   0.56067806 -0.3773643 ]
 [-0.39661218  0.60932187  0.40747282 -0.55144258  0.03609177]]
```

full_matricesにfalseを設定すると、ゼロに近い小さな値を除いた、次元が削減された形で返される

```
In [5]: # Setting full_matrices to false gives you reduced form where small values
        close to zero are excluded
        U, d, VT = np.linalg.svd(M, full_matrices=False)
        print("U:n {}n".format(U))
        print("d:n {}n".format(d))
        print("VT:n {}".format(VT))

Out[5]: U:
         [[-0.60773852 -0.22318957  0.5276743  -0.54990921]
          [-0.38123886  0.86738201  0.19333528  0.25480749]
          [-0.42657252  0.10181457 -0.82343563 -0.36003255]
          [-0.55076919 -0.43297652 -0.07832665  0.70925987]]
        d:
         [56.31276456 13.15721839  8.08763849  2.51997135]
        VT:
         [[-0.43547429 -0.40223663 -0.40386674 -0.46371223 -0.52002929]
          [-0.72920427 -0.29835313  0.06197899  0.27638212  0.54682545]
          [ 0.11733943  0.26412864 -0.73449806 -0.30022507  0.53557916]
          [-0.32795351  0.55511623 -0.3571117   0.56067806 -0.3773643 ]]
```

8.6.3　コレスキー分解

正方行列には、行列 (M) を2つの三角行列 (UとU^T) に分解するコレスキー分解も適用できます。コレスキー分解は、計算複雑性を低減する助けになります。まとめると以下の式になります。

$$M = U^T U$$

コレスキー分解の概念図は以下の通りです。

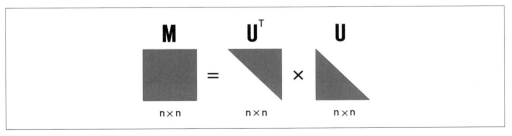

図8-11　コレスキー分解

ではnumpyを使って実装してみましょう。

```
In [6]: from numpy import array
        from scipy.linalg import cholesky
        M = np.array([[1, 3, 4],
                      [2, 13, 15],
                      [5, 31, 33]])

In [7]: print(M)
Out[7]: [[ 1  3  4]
        [ 2 13 15]
        [ 5 31 33]]

In [8]: L = cholesky(M)
        print(L)
Out[8]: [[1.        3.        4.        ]
        [0.        2.        1.5       ]
        [0.        0.        3.84057287]]

In [9]: L.T.dot(L)
Out[9]: array([[ 1.,  3.,  4.],
              [ 3., 13., 15.],
              [ 4., 15., 33.]])
```

8.6.4　LU分解

コレスキー分解に似ていますが、LU分解は行列 (M) を下 (L) 三角行列と上 (U) 三角行列に分解します。これもまた、計算集約的な代数問題を単純化してくれます。式は以下の通りです。

$$M = LU$$

LU分解の概念図は以下の通りです。

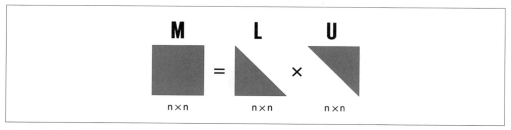

図8-12　LU分解

では、numpyを使って実装してみましょう。

```
In [10]: from numpy import array
         from scipy.linalg import lu

         M = np.random.randint(low=0, high=20, size=25).reshape(5,5)
         print(M)
Out[10]: [[18 12 14 15  2]
          [ 4  2 12 18  3]
          [ 9 19  5 16  8]
          [15 19  6 16 11]
          [ 1 19  2 18 17]]

In [11]: P, L, U = lu(M)
         print("P:n {}n".format(P))
         print("L:n {}n".format(L))
         print("U:n {}".format(U))
Out[11]: P:
         [[1. 0. 0. 0. 0.]
          [0. 0. 1. 0. 0.]
          [0. 0. 0. 0. 1.]
          [0. 0. 0. 0. 1.]
          [0. 0. 0. 1. 0.]
          [0. 1. 0. 0. 0.]]
         L:
         [[ 1.          0.          0.          0.          0.        ]
          [ 0.05555556  1.          0.          0.          0.        ]
          [ 0.22222222 -0.03636364  1.          0.          0.        ]
          [ 0.83333333  0.49090909 -0.70149254  1.          0.        ]
          [ 0.5         0.70909091 -0.32089552  0.21279832  1.        ]]
         U:
         [[18.         12.         14.         15.          2.        ]
          [ 0.         18.33333333  1.22222222 17.16666667 16.88888889]
          [ 0.          0.          8.93333333 15.29090909  3.16969697]
          [ 0.          0.          0.          5.79918589  3.26594301]
          [ 0.          0.          0.          0.         -4.65360318]]

In [12]: P.dot(L).dot(U)
Out[12]: array([[18., 12., 14., 15.,  2.],
                [ 4.,  2., 12., 18.,  3.],
                [ 9., 19.,  5., 16.,  8.],
                [15., 19.,  6., 16., 11.],
                [ 1., 19.,  2., 18., 17.]])
```

8.6.5 固有値分解

固有値分解も、正方行列に適用できる分解手法です。正方行列 (M) を固有値分解を使って分解すると、3つの行列が得られます。1つの行列 (Q) は列に固有ベクトル、別の行列 (V) は対角成分に固有値が格納されていて、最後の行列は固有ベクトルの行列の逆行列 (Q^{-1}) です。

固有値分解は、以下の式で表せます。

$$M = QVQ^{-1}$$

固有値分解によって、行列の固有値と固有ベクトルが得られます。

固有値分解の概念図は以下の通りです。

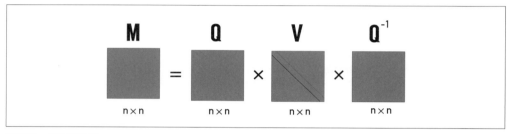

図8-13 固有値分解

では、numpyを使って実装してみましょう。

```
In [13]: from numpy import array
         from numpy.linalg import eig

         M = np.random.randint(low=0, high=20, size=25).reshape(5,5)
         print(M)
Out[13]: [[13  9  5  0 12]
          [13  6 11  8 15]
          [16 17 15 12  1]
          [17  8  5  7  5]
          [10  6 18  5 19]]

In [14]: V, Q = eig(M)
         print("Eigenvalues:n {}n".format(V))
         print("Eigenvectors:n {}".format(Q))
Out[14]: Eigenvalues:
         [50.79415691 +0.j          5.76076687+11.52079216j
           5.76076687-11.52079216j -1.15784533 +3.28961651j
          -1.15784533 -3.28961651j]
```

```
Eigenvectors:
 [[ 0.34875973+0.j          -0.36831427+0.21725348j -0.36831427-0.21725348j
   -0.40737336-0.19752276j -0.40737336+0.19752276j]
  [ 0.46629571+0.j          -0.08027011-0.03330739j -0.08027011+0.03330739j
    0.58904402+0.j           0.58904402-0.j         ]
  [ 0.50628483+0.j           0.62334823+0.j          0.62334823-0.j
   -0.27738359-0.22063552j -0.27738359+0.22063552j]
  [ 0.33975886+0.j           0.14035596+0.39427693j  0.14035596-0.39427693j
    0.125282  +0.46663129j  0.125282  -0.46663129j]
  [ 0.53774952+0.j          -0.18591079-0.45968785j -0.18591079+0.45968785j
    0.20856874+0.21329768j  0.20856874-0.21329768j]]
```

```python
In [15]: from numpy import diag
         from numpy import dot
         from numpy.linalg import inv

         Q.dot(diag(V)).dot(inv(Q))
Out[15]: array([[1.30000000e+01-2.88657986e-15j, 9.00000000e+00-2.33146835e-15j,
                 5.00000000e+00+2.38697950e-15j, 1.17683641e-14+1.77635684e-15j,
                 1.20000000e+01-4.99600361e-16j],
                [1.30000000e+01-4.32986980e-15j, 6.00000000e+00-3.99680289e-15j,
                 1.10000000e+01+3.38618023e-15j, 8.00000000e+00+1.72084569e-15j,
                 1.50000000e+01-2.77555756e-16j],
                [1.60000000e+01-7.21644966e-15j, 1.70000000e+01-6.66133815e-15j,
                 1.50000000e+01+5.71764858e-15j, 1.20000000e+01+2.99760217e-15j,
                 1.00000000e+00-6.66133815e-16j],
                [1.70000000e+01-5.27355937e-15j, 8.00000000e+00-3.10862447e-15j,
                 5.00000000e+00+4.27435864e-15j, 7.00000000e+00+2.22044605e-15j,
                 5.00000000e+00-1.22124533e-15j],
                [1.00000000e+01-3.60822483e-15j, 6.00000000e+00-4.21884749e-15j,
                 1.80000000e+01+2.27595720e-15j, 5.00000000e+00+1.55431223e-15j,
                 1.90000000e+01+3.88578059e-16j]])
```

8.6.6　QR分解

　正方行列および矩形行列 (M) にQR分解を適用すると、直交行列 (Q) と上三角行列 (R) に分解できます。式は以下の通りです。

$$M = QR$$

　QR分解の概念図は以下の通りです。

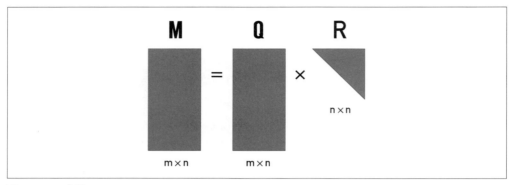

図8-14 QR分解

では、numpyを使って実装してみましょう。

```
In [16]: from numpy import array
         from numpy.linalg import qr

         M = np.random.randint(low=0, high=20, size=20).reshape(4,5)
         print(M)
Out[16]: [[14  6  0 19  3]
         [ 9  6 17  8  8]
         [ 4 13 17  4  4]
         [ 0  0  2  7 11]]

In [17]: Q, R = qr(M, 'complete')
         print("Q:n {}n".format(Q))
         print("R:n {}".format(R))
Out[17]: Q:
         [[-0.81788873  0.28364908 -0.49345895  0.08425845]
          [-0.52578561 -0.01509441  0.83834961 -0.14314877]
          [-0.2336825  -0.95880935 -0.15918031  0.02718015]
          [-0.         -0.          0.16831464  0.98573332]]

         R:
         [[-17.11724277 -11.09991852 -12.91095786 -20.68090082  -7.59468109]
          [  0.         -10.85319349 -16.5563638    1.43333978  -3.10504542]
          [  0.           0.          11.88250752  -2.12744187   6.4411599 ]
          [  0.           0.           0.           7.4645743   10.05937231]]
         array([[1.40000000e+01, 6.00000000e+00, 1.77635684e-15, 1.90000000e+01,
                 3.00000000e+00],
                [9.00000000e+00, 6.00000000e+00, 1.70000000e+01, 8.00000000e+00,
```

```
      8.00000000e+00],
     [4.00000000e+00, 1.30000000e+01, 1.70000000e+01, 4.00000000e+00,
      4.00000000e+00],
     [0.00000000e+00, 0.00000000e+00, 2.00000000e+00, 7.00000000e+00,
      1.10000000e+01]])
```

8.6.7　疎線形系を取り扱うには

取り扱いたい行列が、常に密行列であるとは限りません。疎行列を扱う必要がある場合には、疎行列演算の最適化を支えるライブラリがあります。PythonのAPIがないライブラリもあるので、その場合にはCやC++などの他のプログラミング言語を利用する必要が生じます。

Hypre

並列実装用の疎線形方程式系の前処理付き線形解法のライブラリ。

SuperLU

大規模で疎で非対称な線形方程式系のためのライブラリ。

UMFPACK

疎線形系を解くためのライブラリ。

CUSP

並列実装用の疎線形代数とグラフ計算のためのオープンソースライブラリ。CUSPを使うと、NVIDIAのGPUが提供する計算リソースにアクセスできる。

cuSPARSE

疎行列のための線形代数サブルーチンがある。CUSPと同様に、NVIDIAのGPUが提供する計算リソースにアクセスできる。

8.7　8章のまとめ

本章では、NumPyと組み合わせられる様々な低レベルライブラリとその環境構築に取り組みました。Linuxの基本的なコマンド行操作に馴染めるように、ここでは敢えてEC2でのプロビジョニングを通して行いました。さらに、次節で行うベンチマークテストで使用する、様々な計算集約的な数値線形代数演算にも目を通しました。

次章では、各種の構築に対して実行するベンチマークテスト用のPythonスクリプトを作成し、様々な線形代数演算や大きさの異なる行列の性能指標を調べます。

9章
ベンチマークテストで行う性能評価

　本章では、前章で構築した様々な設定下の性能指標を見ていきます。前章で用いたEC2インスタンスは制御できないため、当然ながら本章のセットアップで各人にぴったりの環境が用意できるわけではありませんが、それでも自分の環境に必要なセットアップの見当がつくはずです。

　本章では以下のテーマを取り上げます。

- ベンチマークの必要性
- BLAS、LAPACK、OpenBLAS、ATLAS、Intel MKLを使った場合の性能
- 最終結果

9.1　なぜベンチマークが必要か

　プログラミングスキルが向上すると、より効率的なプログラムを実装できるようになります。コードリポジトリをいくつも検索して、似た問題を他の人々がどう解決したのかを調べた結果、稀にみるエレガントなコードを見つけて感心することもあるでしょう。

　既存のコードよりも優れたソフトウェアの作成やシステムの実装を行って進歩していく過程では、改善による進歩の度合いを計測して定量化し、追跡していく必要があります。通常は、自分の出発点を基準に、自分が行った改善で性能指標がどのように向上するかを見ていきます。

　基準を設定したら、複数の異なる実装のベンチマークテストを行って、選んだ性能指標を元に比較します。性能指標には様々なものがありますが、テストを行う前に決めておく必要があります。

　本章では、これらのベンチマーク用の性能指標はかなり単純なものに限定し、時間指標だけを用います。同じ演算を異なる設定で繰り返し実行し、まずは平均時間指標を計測します。平均の計算式は以下の通りです。

$$\bar{X} = \frac{1}{n}\sum_{i=1}^{n} X_i$$

以下は、標準的な平均の計算式です。本章で示す例では、式中の変数の意味は以下の通りです。

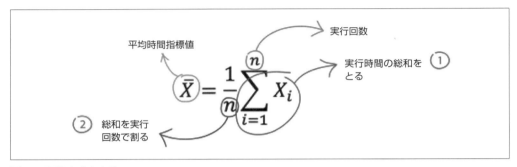

図9-1 平均を求める式

基準値はこの式を基に作成します。最初に実行する計算の中身は以下の通りです。

以下の組み合わせの和と積：

- ベクトルとベクトル
- ベクトルと行列
- 行列と行列

通常は、上記の計算を特定の回数実行し、平均値を計算します。

以下のコードは、Pythonに用意されている一般的なタイマーではなく、特別に作った関数です。特製の関数を使う理由は、後から他の統計関数を追加して拡張できることと、きちんとログを取れるので詳細まで見られることです。この関数は、計算の前には有益な情報を出力し、反復が完了したらテスト結果を出力します。

```
In [1]: import inspect
        import time
        from datetime import datetime

        def timer(*args, operation, n):
            """
            Returns average time spent     指定する演算と引数における実行時間を返す
            for given operation and arguments.

            Parameters    パラメータ
            ----------
```

numpyのベクトルもしくは行列の（numpy.ndarray、numpy.matrixlib.defmatrix.matrixもしくは両方の）リスト

```
        one or more numpy vectors or matrices
    *args: list (of numpy.ndarray, numpy.matrixlib.defmatrix.matrix or both)
    operation: function   関数        指定の引数に適用するnumpyやscipyの演算
        numpy or scipy operation to be applied to given arguments
    n: int   整数型
        number of iterations to apply given operation   指定の演算に適用する反復回数


Returns   戻り値
-------

    avg_time_spent: double
        Average time spent to apply given operation      指定の演算の適用に
                                                         かかった平均時間
    std_time_spent: double   倍精度浮動小数点型
        Standard deviation of time spent to apply given operation
                                       指定の演算の適用にかかった時間の標準偏差


Examples   例
--------
>>> import numpy as np

>>> vec1 = np.array(np.random.rand(1000))
>>> vec2 = np.array(np.random.rand(1000))

>>> args = (vec1, vec2)

>>> timer(*args, operation=np.dot, n=1000000)
8.942582607269287e-07
"""

# Following list will hold the   以下のリストに反復ごとの時間指標を格納
# time spent value for each iteration
time_spent = []

# Configuration info   設定情報
print("""
-------------------------------------------

### {} Operation ###

Arguments Info
--------------
args[0] Dimension: {},
```

```
args[0] Shape: {},
args[0] Length: {}
""".format(operation.__name__,
    args[0].ndim,
    args[0].shape,
    len(args[0])))

# If *args length is greater than 1,
# print out the info for second argument
args_len = 0
for i, arg in enumerate(args):
    args_len += 1

if args_len > 1:
    print("""
args[1] Dimension: {},
args[1] Shape: {},
args[1] Length: {}
    """.format(args[1].ndim,
        args[1].shape,
        len(args[1])))

print("""
Operation Info
--------------
Name: {},
Docstring: {}

Iterations Info
--------------
# of iterations: {}""".format(
    operation.__name__,
    operation.__doc__[:100] +
    "... For more info type 'operation?'",
    n))

print("""
-> Starting {} of iterations at: {}""".format(n, datetime.now()))

if args_len > 1:
    for i in range(n):
        start = time.time()
```

9.1　なぜベンチマークが必要か | **217**

```
            operation(args[0], args[1])
            time_spent.append(time.time()-start)
    else:
        for i in range(n):
            start = time.time()
            operation(args[0])
            time_spent.append(time.time()-start)

    avg_time_spent = np.sum(time_spent) / n
    std_time_spent = np.std(time_spent)

    print("""
-> Average time spent: {} seconds,
-> Std. deviation time spent: {} seconds

-------------------------------------------
""".format(avg_time_spent, std_time_spent))

    return avg_time_spent, std_time_spent
```

この関数にはDocstringが含まれているので、関数の引数、戻り値、使用例を表示できます。

```
In [2]: print(timer.__doc__)
```

上のコマンドの出力は以下の通りです。

```
Out[2]: Returns average time spent
        for given operation and arguments.
        Parameters
        ----------
            *args: list (of numpy.ndarray, numpy.matrixlib.defmatrix.matrix or both)
                one or more numpy vectors or matrices
            operation: function
                numpy or scipy operation to be applied to given arguments
            n: int
                number of iterations to apply given operation

        Returns
        -------
            avg_time_spent: double
                Average time spent to apply given operation

        Examples
```

```
--------
>>> import numpy as np

>>> vec1 = np.array(np.random.rand(1000))
>>> vec2 = np.array(np.random.rand(1000))
>>> args = [vec1, vec2]
>>> timer(*args, operation=np.dot, n=1000000)
8.942582607269287e-07
```

では、2つのベクトルのドット積の計算にかかった平均時間の計測から始めましょう。以下のコード
ブロックで、ベクトルを定義し、タイマー関数に渡す引数を作成します。

```
In [3]: import numpy as np
        vec1 = np.array(np.random.rand(1000))
        vec2 = np.array(np.random.rand(1000))
        args = [vec1, vec2]
```

タイマー関数を以下のように呼び出します。

```
In [4]: timer(*args, operation=np.dot, n=1000000)
        -------------------------------------------
        ### dot Operation ###
        Arguments Info
        --------------
        args[0] Dimension: 1,
        args[0] Shape: (1000,),
        args[0] Length: 1000
        args[1] Dimension: 1,
        args[1] Shape: (1000,),
        args[1] Length: 1000 Operation Info
        --------------
        Name: dot,
        Docstring: dot(a, b, out=None)
        Dot product of two arrays. Specifically,
        - If both `a` and `b` are 1-D... For more info type 'operation?'
        Iterations Info
        ---------------
        # of iterations: 1000000
        -> Starting 1000000 of iterations at: 2018-06-09 21:02:51.711211
        -> Average time spent: 1.0054986476898194e-06 seconds,
        -------------------------------------------
1.0054986476898194e-06
```

ベクトルとベクトルの積の計算には平均で1マイクロ秒かかりました。では、この計算に新たな指標を追加する改良を行ってみましょう。簡単に追加できる新たな指標に、標準偏差があります。標準偏差の式は以下の通りです。

$$\mathrm{std} = \sqrt{\frac{1}{1-n}\sum_{i=1}^{n}(X_i - \bar{X})^2}$$

式の変数の意味は、前出の図の説明と同じです。標準偏差は、報告された指標（この例では平均時間指標）のばらつきに関する情報を知らせてくれます。

タイマー関数を拡張して、`std_time_spent` の計算を追加し、値を表示し、以下を返すようにします。

```
avg_time_spent = np.sum(time_spent) / n
std_time_spent = np.std(time_spent)
print("""
-> Average time spent: {} seconds,
-> Std. deviation time spent: {} seconds
""".format(avg_time_spent, std_time_spent))
return avg_time_spent, std_time_spent
```

この変更に合わせて、`Docstring` も以下のように更新します。

```
Returns
-------
avg_time_spent: double
Average time spent to apply given operation
std_time_spent: double
Standard deviation of time spent to apply given operation.
```

以下のように、タイマー関数を再定義して、前と同じ計算を再度実行します。

```
In [5]: timer(*args, operation=np.dot, n=1000000)
```

情報が追加されて以下の出力が得られました（以下では簡略して最後の部分だけ表示しています）。

```
-> Starting {} of iterations at: {}".format(n, datetime.now())
-> Average time spent: 1.0006928443908692e-06 seconds,
-> Std. deviation time spent: 1.2182541822530471e-06 seconds
(1.0006928443908692e-06, 1.2182541822530471e-06)
```

思い通りにいきました！他にどんな指標を追加してみましょうか？例えば信頼区間はどうでしょう。これは読者の演習に任せますが、比較的容易にできるはずです。

では、ベクトルと行列の積に進みましょう。

```
In [6]: mat1 = np.random.rand(1000,1000)
        args = [vec1, mat1]
        timer(*args, operation=np.dot, n=1000000)
```

以下の出力が得られます。

```
Out[6]:     Arguments Info
            --------------
            args[0] Dimension: 1,
            args[0] Shape: (1000,),
            args[0] Length: 1000
            args[1] Dimension: 2,
            args[1] Shape: (1000, 1000),
            args[1] Length: 1000
            Operation Info
            --------------
            Name: dot,
            Docstring: dot(a, b, out=None)
            Dot product of two arrays. Specifically,
            - If both `a` and `b` are 1-D... For more info type 'operation?'
            Iterations Info
            ---------------
            # of iterations: 1000000
            -> Starting 1000000 of iterations at: 2018-06-09 19:13:07.013949
            -> Average time spent: 0.00020063393139839174 seconds,
            -> Std. deviation time spent: 9.579314466482879e-05 seconds
        (0.00020063393139839174, 9.579314466482879e-05)
```

最後に、行列と行列の積は以下のように与えられます。

```
In [7]: mat1 = np.random.rand(100,100)
        mat2 = np.random.rand(100,100)
        args = [mat1, mat2]
        timer(*args, operation=np.dot, n=1000000)
```

前出と同様の出力が得られます。

ここまでで、コンピュータでの計算速度の見積もりをする際の作業量のおよその見通しがつきました。ベンチマーク用の関数のリストは、ドット積を前章で学習した行列の分解に追加すれば完成します。

次に行うのは、上の計算と統計量を含んだPythonのスクリプトファイルの作成です。続いて、この

ファイルを、AWS上に構築した様々な設定の下で実行しましょう。

では、linalg_benchmark.pyを見てみましょう。これはhttps://github.com/umitmertcakmak/Mastering_Numerical_Computing_with_NumPy/blob/master/Ch09/linalg_benchmark.pyにあります。

以下のコードブロックは、linalg_benchmark.pyの重要部分で、前章でAWS上に構築した様々な設定の検査に使います。

```
In [8]: # Seed for reproducibility      シード値を指定した再現性のある擬似乱数を作成
        np.random.seed(8053)
        dim = 100
        n = 10000
        v1, v2 = np.array(rand(dim)), np.array(rand(dim))
        m1, m2 = rand(dim, dim), rand(dim, dim)
        # Vector - Vector Product         ベクトルとベクトルの積
        args = [v1, v2]
        timer(*args, operation=np.dot, n=n)
        # Vector - Matrix Product         ベクトルと行列の積
        args = [v1, m1]
        timer(*args, operation=np.dot, n=n)
        # Matrix - Matrix Product         行列と行列の積
        args = [m1, m2]
        timer(*args, operation=np.dot, n=n)
        # Singular-value Decomposition    特異値分解
        args = [m1]
        timer(*args, operation=np.linalg.svd, n=n)
        # LU Decomposition                LU分解
        args = [m1]
        timer(*args, operation=lu, n=n)
        # QR Decomposition                QR分解
        args = [m1]
        timer(*args, operation=qr, n=n)
        # Cholesky Decomposition          コレスキー分解
        M = np.array([[1, 3, 4],
        [2, 13, 15],
        [5, 31, 33]])
        args = [M]
        timer(*args, operation=cholesky, n=n)
        # Eigenvalue Decomposition        固有値分解
        args = [m1]
        timer(*args, operation=eig, n=n)
        print("""
```

222 | 9章　ベンチマークテストで行う性能評価

```
NumPy Configuration:
--------------------
""")
np.__config__.show()
```

異なる2つのケースを実行します。

- 1回目：dim = 100
- 2回目：dim = 500

では結果を見てみましょう。

9.2　ベンチマークテストの準備

各インスタンスとその設定ごとに、ホームディレクトリに移動してpy_scriptsという名前のフォルダを作成します。

```
ubuntu@ip-172-31-21-32:~$ cd ~
ubuntu@ip-172-31-21-32:~$ mkdir py_scripts && cd py_scriptsl
```

linalg_benchmark.pyという名前のファイルを以下のコマンドでviを使って作成し、中身をペーストします。

```
ubuntu@ip-172-31-25-226:~/py_scripts$ vi linalg_benchmark.py
```

中身をペーストしたら、:、wq!、[Enter]の順にタイプし、ファイルを保存して閉じます。

```
NumPy Configuration:
--------------------
""")
np.__config__.show()
:wq!
```

これで、以下のコマンドでこのファイルを実行できます。

```
ubuntu@ip-172-31-25-226:~/py_scripts$ python3 linalg_benchmark.py
```

Anacondaディストリビューションを使用している場合は、以下のコマンドでスクリプトを実行します。

```
ubuntu@ip-172-31-22-134:~/py_scripts$ ~/anaconda3/bin/python linalg_benchmark.py
```

9.2.1 BLASとLAPACKを使った設定の性能

ここでは、BLASとLAPACKで`linalg_benchmark.py`を実行します。この設定を構築した**t2.micro**インスタンスに接続して、前節で示したようにスクリプトを実行します。

`dim = 100`で実行した場合の結果は以下の通りです。

演算	平均	標準偏差
ベクトル-ベクトル積	0.00000122	0.00000071
ベクトル-行列積	0.00000872	0.00000147
行列-行列積	0.00074976	0.00001754
SV分解	0.00644510	0.00009101
LU分解	0.00042435	0.00001801
QR分解	0.00134417	0.00003373
コレスキー分解	0.00001229	0.00000306
固有値分解	0.01133923	0.00014564

`dim = 500`で実行した場合の結果は以下の通りです。

演算	平均	標準偏差
ベクトル-ベクトル積	0.00000169	0.00000104
ベクトル-行列積	0.00018053	0.00001345
行列-行列積	0.09042594	0.00078627
SV分解	1.72078687	2.11683465
LU分解	0.36958391	0.05764444
QR分解	1.64355660	0.26008436
コレスキー分解	0.00012395	0.00203646
固有値分解	11.03387896	1.19246878

9.2.2 OpenBLASを使った設定の性能

ここでは、OpenBLASで`linalg_benchmark.py`を実行します。この設定を構築したt2.microインスタンスに接続して、前節で示したようにスクリプトを実行します。

`dim = 100`で実行した場合の結果は以下の通りです。

演算	平均	標準偏差
ベクトル-ベクトル積	0.00000115	0.00000059
ベクトル-行列積	0.00000333	0.00000135
行列-行列積	0.00009168	0.00000847
SV分解	0.00507356	0.00005898
LU分解	0.00016124	0.00001763

演算	平均	標準偏差
QR分解	0.00065833	0.00001702
コレスキー分解	0.00001366	0.00000374
固有値分解	0.03457905	0.00043139

dim = 500で実行した場合の結果は以下の通りです。

演算	平均	標準偏差
ベクトル-ベクトル積	0.00000124	0.00000078
ベクトル-行列積	0.00006752	0.00000487
行列-行列積	0.00752822	0.00009364
SV分解	0.13901888	0.00128025
LU分解	0.00575469	0.00009780
QR分解	0.02157722	0.00024035
コレスキー分解	0.00001288	0.00000212
固有値分解	3.94406696	3.75736472

9.2.3 ATLASを使った設定の性能

ここでは、ATLASで`linalg_benchmark.py`を実行します。この設定を構築したt2.microインスタンスに接続して、前節で示したようにスクリプトを実行します。

dim = 100で実行した場合の結果は以下の通りです。

演算	平均	標準偏差
ベクトル-ベクトル積	0.00000118	0.00000078
ベクトル-行列積	0.00000537	0.00001443
行列-行列積	0.00029508	0.00011157
SV分解	0.00475364	0.00025615
LU分解	0.00015830	0.00000738
QR分解	0.00093086	0.00004695
コレスキー分解	0.00001311	0.00000290
固有値分解	0.01048062	0.00028431

dim = 500で実行した場合の結果は以下の通りです。

演算	平均	標準偏差
ベクトル-ベクトル積	0.00000168	0.00000054
ベクトル-行列積	0.00013248	0.00001036
行列-行列積	0.02474427	0.00063530

演算	平均	標準偏差
SV分解	0.22419701	0.00352764
LU分解	0.00561713	0.00013463
QR分解	0.05162554	0.00122877
コレスキー分解	0.00001262	0.00000260
固有値分解	3.18629725	2.77181242

9.2.4　Intel MKLを使った設定の性能

　ここでは、Intel MKLで`linalg_benchmark.py`を実行します。この設定を構築したt2.microインスタンスに接続して、前節で示したようにスクリプトを実行します。

　`dim = 100`で実行した場合の結果は以下の通りです。

演算	平均	標準偏差
ベクトル-ベクトル積	0.00000432	0.00031263
ベクトル-行列積	0.00000357	0.00005485
行列-行列積	0.00007010	0.00035516
SV分解	0.00241478	0.00065733
LU分解	0.00015441	0.00008672
QR分解	0.00055125	0.00030522
コレスキー分解	0.00001264	0.00003074
固有値分解	0.00746131	0.00012120

　`dim = 500`で実行した場合の結果は以下の通りです。

演算	平均	標準偏差
ベクトル-ベクトル積	0.00000140	0.00001808
ベクトル-行列積	0.00006262	0.00000957
行列-行列積	0.00670626	0.00009224
SV分解	0.09701678	0.00102559
LU分解	0.00496843	0.00010792
QR分解	0.01590121	0.00027027
コレスキー分解	0.00001278	0.00000220
固有値分解	0.22408283	0.00155203

9.3　結果

t2.microインスタンスはもちろんかなり貧弱なので、その計算能力をAmazonがどのようにEC2インスタンス用に提供しているかをよく把握しておく必要があります。詳しい説明は、https://aws.amazon.com/ec2/instance-types/にあります。

より多くのプロセッサが搭載されたより強力なマシンを使う場合には、異なる設定での性能の違いはより明白になります。

結果について言えば、BLASとLAPACKを使用するデフォルトの設定が基準の性能を示す一方、OpenBLAS、ATLAS、Intel MKLなどを使って最適化した設定の方が優れた性能を示すのは、当然と言えば当然です。

おわかりのように、Pythonスクリプトを1行も変えることなく、NumPyのライブラリを異なる高速ライブラリにリンクするだけで、性能の大幅な向上が得られるのです。

これらの低レベルライブラリを掘り下げて、具体的にどんなルーチンや関数が用意されているかを理解したら、そのライブラリを実装することで自分のプログラムのどの部分が恩恵を受けるのかがよくわかるようになります。

もちろん、最初のうちは他にもよくわからない詳細部分がたくさんあるでしょう。自分が使う関数が低レベルライブラリを使用していなかったり、演算の並列化をしていないかもしれません。マルチスレッド処理が有効な場合とそうでない場合もあるでしょう。知識と経験は結局のところ自分で積み重ねた実験の賜物なので、自分の経験から学んでいくことで様々な応用ができるように上達していきます。

多くの研究者が自分達の実験のデザインと結果を出版しています。Googleでざっと検索すれば、様々なハードウェアとソフトウェアの設定下でのライブラリの性能について解説したリソースがたくさん見つかります。

9.4　9章のまとめ

本章では、異なる設定下での性能を、計算集約的な（いわゆる「重い」）線形代数演算を行って調べました。

ベンチマークテストは大がかりなタスクですが、本章では少なくともベンチマークテストを実行するための基本的なスキルを身につけました。本章で学習に使った教材は完成には程遠いものですが、手始めに何をしたらよいかの見当はつけられたはずですし、いろいろな改良の余地が残されています。

本章で得た知識を踏まえれば、ベクトルや行列の大きさを徐々に増加させた場合の、性能指標の挙動の変化を調べることもできます。理想を言えば、より強力なハードウェアが必要ですが、t2.microインスタンスはほとんどの場合に無償か、非常に安価にプロビジョニングできます。

以前よりも計算集約的な作業が必要になったら、自分の選択肢が何か、その中で最高の性能が出る

のはどれかを把握することは重要です。本章で紹介したような簡単な実験を行えば、最低でも性能に関する見当をつける助けになり、時間とお金の節約にもなるでしょう。

　ここまで到達した読者の方、おめでとうございます！ すべての章を読み通して教材を学習したことで、Pythonの科学技術スタックに関するスキルが向上したと著者らは信じています。

　本書を楽しんでいただけたとしたら幸いです。貴重な時間を割いていただいたことに感謝します。

索引

A

alloclose () 関数 47
amax メソッド 18
Amazon EC2 インスタンスタイプ 190
　参照リンク 226
amin メソッド 18
Anaconda .... vi, 4, 188, 200, 222
　ダウンロード 4
arange () 関数 15
argmax メソッド 19
argmin メソッド 19
astype 属性 12
ATLAS (Automatically Tuned Linear Algebra
　Software) 187
　インストール 201
　性能ベンチマーク 224
　設定の性能 224
AWS EC2 で NumPy を低レベルライブラリを
　変えて構築 188-193

B

BLAS (Basic Linear Algebra Subprograms) 187
　インストール 193-198
　概要 187
　性能ベンチマーク 223
　設定の性能 223

C

CHAS (Charles River dummy variable) 63
concatenate メソッド 23
corrcoef () 関数 80, 82
CUSP 211
cuSPARSE 211

D

delete メソッド 23
describe () 関数 65
dot () 関数 21

G

genfromtxt () 関数 56, 57
geomspace メソッド 16
gradient () 関数 49

H

hstack メソッド 21
Hypre 211

I

insert メソッド 23
Intel MKL (Intel Math Kernel Library) 187
　インストール 200
　概要 188
　性能ベンチマーク 225
　設定の性能 225

リリースノート 188
iqr () 関数 66
iris データセット 109

J

Jupyter Notebook 4

K

k 近傍法 (k-nearest neighbors：KNN) 87
   scikit-learn 162
   住宅価格データをクラスタリングする 162
k 平均法アルゴリズム (k-means algorithm) 117
   修正 122-132
   単一変数用に実装 117-122
k 平均法クラスタリング (K-means clustering) 162
KNN (k 近傍法) 87

L

LAPACK (Linear Algebra Package) 188
   インストール 193-198
   概要 188
   設定の性能 223
   性能ベンチマーク 223
linalg.lstsq () メソッド 47
linregress 関数 140
load () 関数 53
load_boston () 関数 59
loadtxt () 関数 54, 57
logspace メソッド 16
LU 分解 (Lower-upper decomposition) 206

M

mean メソッド 20
median メソッド 20

N

nanmax メソッド 18
nanmean メソッド 20
nanmedian メソッド 20
nanmin メソッド 18
nanpercentile メソッド 19
nanstd メソッド 20

NumPy
   AWS EC2 上で低レベルライブラリを変えて
      構築 188-193
   pandas と併用 143-150
   SciPy、pandas、scikit-learn を併用する 135
   SciPy と併用 135-140
   卸売業者の顧客をクラスタ分析する 102
   コードのプロファイリング 178-182
   上級編 165-183
   スタック 6
   性能 178
   線形回帰 140-142
   線形代数 29
   誰が使うのか 7
   長所 7
   低レベルライブラリを変えて構築 188-193
   データ型 166
   統計関数 51
   内部構造 165
   バイナリファイル 52
   配列 ....NumPy 配列を参照
   必要とされる理由 4-5
   メモリ管理 165-176
   ユーザ 7
NumPy 配列
   演算 13-20
   オブジェクト 10-12
   操作 3
numpy.histogram () 70
numpy.ma モジュール 22
numpy.percentile () メソッド 66

O

OpenBLAS 188
   インストール 198-200
   概要 188
   性能ベンチマーク 224
   設定の性能 224

P

pandas
   NumPy と併用 143-150

株価の定量的モデリング 150-161
PCA（主成分分析）.. 36
percentile メソッド 18
pyplot.hist () 関数 68, 70

Q

QR分解（QR decomposition）................................... 209

R

repeat メソッド 23
reshape 関数 17, 26, 176
resize 関数 26

S

save () 関数 53
savetxt () 関数 57
savez () 関数 53
savez_compressed () 関数........................... 53, 54
scikit-learn
    K平均用クラスタリング 162
    SciPy 161
    回帰分析 161
SciPy
    NumPyと併用 135-140
    scikit-learnと併用 161
    線形回帰 140-142
scipy.stats モジュール 22, 140
skewnorm () 関数 75
skiprows パラメータ 55
sklearn.datasets パッケージ 59
Stack Overflow 4-5
stat.scoreatpercentile () 66
std メソッド 20
sum メソッド 18
SuperLU 211
SVD（特異値分解）.. 203

T

tile メソッド 23
tmax () 関数 77
tmean () 関数 77
tmin () 関数 77

train () 関数 100
train_test_split () 関数 103
trim_mean () 関数 77
trim1 () 関数 78
trimboth () 関数 78
tvar () 関数 77

U

UMFPACK.. 211
unique メソッド 23

V

vprof ライブラリ 178
vsplit メソッド 21
vstack メソッド 21
zip () 関数 65

あ行

アヤメのデータセット（iris dataset）........................ 109
アンダーフィット（underfitting）.......................... 89
インデックス付け（indexing）........................ 23-26
オーバーフィット（overfitting）............................ 88
卸売業者の顧客（wholesale customers dataset）... 122

か行

学習率（learning rate）.. 98
過剰適合（overfitting）.. 88
刈り込み（trimming）.. 77
カルバック・ライブラー情報量
  （Kullback-Leibler divergence）.............................. 95
カンマ区切り値（comma-separated values、.csv）... 52
機械学習（machine learning：ML）......................... 29
技術的要件（Technical requirements）.................... 4
基本統計量（basic statistics）............................. 63-66
教師あり学習（supervised learning）............85-89, 108
教師なし学習（unsupervised learning）............107-115
行列（matrix）....................................7-9, 31-35
    数学.. 31
    分解.. 203
行列式（determinant）... 41
    計算.. 41-46
クラスタ分析（clustering）.............................107-115

グリッドサーチ (grid search) 115
計算集約的タスク (compute-intensive task) 203
    LU分解 206
    QR分解 209
    行列の分解 203
    固有値分解 208
    コレスキー分解 205
    疎線形系を取り扱う 211
    特異値分解 203
形状 (shape) 11
形状変換 (reshaping) 23-26
交差エントロピー (Cross-Entropy) 94
高性能計算ライブラリ (High-Performance Numerical
  Computing Library) 187-211
勾配 (gradient) 50, 90-91, 97
    計算 49
勾配降下法 (gradient descent) 95-102
    概要 49
    線形単回帰 95-102
誤差 (error) 90
誤差関数 (error function) 94
固有値 (eigenvalue) 35-41, 135
    概要 35-37
    計算 35-40
固有値分解 (eigenvalue decomposition) 208
固有ベクトル (eigenvector) 35, 135, 208
コレスキー分解 (Cholesky decomposition) 205

さ行

サイズ変換 (resizing) 23-26
最適な適合 (best fit) 89
サポートベクター分類器
  (Support Vector Classifier：SVC) 87
三角行列 (triangular matrix) 205
残差平方和 (Sum of Squares Error：SSE) 91
次元 (dimension) 11
従属変数 (dependent variable) 89-93
住宅価格のモデリング (model housing prices) ....
  102-104
主成分分析 (PCA：principal component analysis)
  36
スライス (slicing) 23-26

性能評価 (Performance) 213
性能ベンチマーク (performance benchmark)
    ATLAS 224
    BLAS 223
    Intel MKL 225
    LAPACK 223
    OpenBLAS 223
    準備 222
正方行列 (square matrix) 205
線形回帰 (linear regression) 85
    SciPyとNumPyで行う 140
    NumPy 140-142
    SciPy 140-142
    概要 85-89
    住宅価格のモデリング 102-104
    住宅価格を予測 85
線形代数 (linear algebra) 29
線形単回帰 (univariate linear regression) 95-102
線形方程式 (linear equation) 46-49
尖度 (kurtosis) 73
相関 (correlation)
    概要 81
    計算 81-84
総平方和 (Sum of Squares Total：SST) 91
属性 (attribute) 10, 176
疎線形系 (sparse linear systems) 211
損失関数 (loss function) 94, 117

た行

タクシーキャブノルム (Taxicab norm) 41
多次元配列 (multidimensional array) 21-22
単位行列 (identity matrix) 8
単一変数 (single variable) 117-122
探索的データ分析
  (Exploratory Data Analysis：EDA) 51
定量的モデリング (quantitative modeling) 150-161
データアナリスト (data analyst) 7
データサイエンティスト (data scientist) 7
データセット (dataset) 22, 40, 140, 143
    アヤメ 109
    卸売業者の顧客 122
    探索 60

糖尿病患者のデータセット 143
乳がん 37
ボストン市の住宅価格 51-84
データの刈り込みと統計量 (trimmed statistics) 77
テキストファイル (text file、.txt) 52
統計量 (statistics) 77
糖尿病患者 (diabetes dataset) 143
特異値分解 (SVD：Singular-value decomposition)
.... 203
特徴 (feature) 87
独立変数 (independent variable) 89-93
トリム (trimming) 63, 77

な行

二乗平均平方根誤差 (Root Mean Square Error：
RMSE) 91
ノルム (norm) 41, 135
計算 41-46
フロベニウス 43
マンハッタン 41
ユークリッド 41, 43

は行

バイアス (bias) 97
ハイパーパラメータ (hyperparameter)
....93-94, 115-116
配列 (matrix)
演算 13-20
操作 3
多次元 21-22
入門 7
箱ひげ図 (box plot) 79-80
始値-高値-安値-終値 (OHLC：open-high-low-close)
.... 154
ヒストグラム (histogram) 67-73
ヒンジ損失関数 (Hinge loss function) 95

ファイル (file)
保存 52-60
読み込み 52-60
フーバー損失関数 (Huber loss function) 95
ブロードキャスティング (broadcasting) 23-26
フロベニウスノルム (Frobenius norm) 43
分解 (decomposition)
平均二乗誤差 (mean-squared error：MSE) 42, 95
平均絶対誤差 (Mean Absolute Error：MAE) ... 42, 95
ベイズ最適化 (Bayesian optimization) 115
ベクトル (vector) 7-9, 31-35
数学 31
入門 7
ベクトル演算 (vectorized operation) 6
ベンチマークテスト (benchmarking)
計算集約的タスク 203
準備 222
なぜ必要か 213-222
ボックスプロット (box plot) 79-80

ま行

マンハッタンノルム (Manhattan norm) 41

や行

ユークリッドノルム (Euclidean norm) 41, 43

ら行

ランダムアクセスメモリ
(Random Access Memory：RAM) 165
ランダムサーチ (randomized search) 115
リスト (list) 6
零行列 (zero matrix) 8
ローソク足チャート (candlestick chart) 155

わ行

歪度 (skewness) 73

●著者紹介

Umit Mert Cakmak（アミット・メルト・カクマック）

IBMのデータサイエンティスト。クライアントが抱える、データの取得からデリバリまで、あらゆるレベルの複雑なデータサイエンスの問題を解決する。企業だけでなく、カンファレンス、大学など、幅広い場で活躍する。

何よりもまず両親へ、真の愛情と支援、たくさんの教えに感謝します。本書を、私の家族、友人、同僚、そして世界をよりよい場所にするためにたゆみない努力を続ける偉大な人たちへ捧げます。

Mert Cuhadaroglu（メルト・フハダルオグル）

EPAMのBI開発者として、投資銀行、消費財、メディア、通信、製薬といった広範囲な業界における分析ソリューションの開発に携わる。高度な統計モデルと機械学習アルゴリズムを駆使して優れた問題解決ソリューションを提供。トレーディングアルゴリズム用AIの学術研究を続けている。

私が知識を追い求めることをいつも応援してくれた両親にとても感謝しています。さらに、共著者、友人、そしてPacktのチームにも感謝いたします。本書を、家族、友人、そしてこの企画において私を支えてくれたすべての人々に捧げます。

●訳者紹介

山崎 康宏（やまざき やすひろ）

早稲田大学理工学部出身の康宏がカナダに渡ったのは、東京大学大学院在学中のことだった。Unix普及活動に時間を取られ、本業が何かわからなくなりかけたので、専門を海洋物理学から気象力学に変え、博士課程をやり直すことにした。しかし、先進的なトロント大学の計算機環境にも満足せず、自分専用のLinux環境を築いてしまった。便利なLinux環境に感激し、日本でLinux普及活動を始めたのが1993年（著作の多くはレーザー5出版局発行の書籍『Linux活用メモ』に収録）。学位取得後英国に渡り、現在も気候変動関連の研究の様子を追いながら楽しんでいる。

山崎 邦子（やまざき くにこ）

数値シミュレーションに基づく地球温暖化予測を行うイギリス気象庁の研究者。福岡県立修猷館高校卒、東京大学理学士・修士、オックスフォード大学博士（物理学）。これまでに手がけたオライリーの翻訳書は『Linuxデバイスドライバ』、『エレガントなSciPy』など。

●査読協力

大橋 真也（おおはし しんや）

千葉県公立高等学校教諭。Apple Distinguished Educator、Wolfram Education Group、日本数式処理学会、CIEC（コンピュータ利用教育学会）。

鈴木 駿（すずき はやお）

平成元年生まれのPythonプログラマ。
神奈川県立横須賀高等学校卒業、電気通信大学電気通信学部情報通信工学科卒業、同大学院情報理工学研究科総合情報学専攻博士前期課程修了。修士（工学）。
Pythonとは大学院の研究においてオープンソースの数学ソフトウェアであるSageMathを通じて出会った。
現在は株式会社アイリッジにてPythonでプログラムを書いて生活している。
Twitter：@CardinalXaro　　Blog：https://xaro.hatenablog.jp/

藤村 行俊（ふじむら ゆきとし）

カバーの説明

表紙の動物はヨーロッパカマツカ（gudgeon curved、学名 Gobio gobio）です。コイ科の魚で、ヨーロッパの川や湖の水底に生息しています。ほとんどは9～13センチですが、まれに20センチにまで成長する個体もあります。細長い丸味を帯びた体、小さな背びれとしりびれが特徴です。水底の生息に適した小さなうきぶくろと下向きの口を持ちます。下向きの口の下には一対のヒゲがあり、浅瀬の水底で、昆虫や小型の軟体動物、他の魚の卵や稚魚などを食べます。繁殖期は4月から8月、寿命は5年程度です。味が良く、大型の個体は食用にされます。カワウソやカワセミなど魚食動物に捕食されることでも知られています。

NumPyによるデータ分析入門
──配列操作、線形代数、機械学習のためのPythonプログラミング

2019年 9 月25日　　初版第 1 刷発行

著　　　　者	Umit Mert Cakmak（アミット・メルト・カクマック）、 Mert Cuhadaroglu（メルト・フハダルオグル）	
訳　　　　者	山崎 邦子（やまざき くにこ）、山崎 康宏（やまざき やすひろ）	
発　行　人	ティム・オライリー	
制　　　作	ビーンズ・ネットワークス	
印 刷・製 本	株式会社平河工業社	
発　行　所	株式会社オライリー・ジャパン 〒160-0002　東京都新宿区四谷坂町12番22号 Tel　　（03）3356-5227 Fax　　（03）3356-5263 電子メール　japan@oreilly.co.jp	
発　売　元	株式会社オーム社 〒101-8460　東京都千代田区神田錦町 3-1 Tel　　（03）3233-0641（代表） Fax　　（03）3233-3440	

Printed in Japan（ISBN978-4-87311-887-1）
乱丁本、落丁本はお取り替え致します。

本書は著作権上の保護を受けています。本書の一部あるいは全部について、株式会社オライリー・ジャパン
から文書による許諾を得ずに、いかなる方法においても無断で複写、複製することは禁じられています。